BLACK SWAN 黑天鹅图书

为 人 生 提 供 领 跑 世 界 的 力 量

BLACK SWAN

为何你总是会受伤

伤口是勇气和动力的来源

武志红 ——

　　　　著

民主与建设出版社
·北京·

© 民主与建设出版社，2021

图书在版编目（CIP）数据

为何你总是会受伤 / 武志红著. —北京：民主与建设出版社，2018.9（2024.4重印）
ISBN 978-7-5139-2269-2

Ⅰ.①为… Ⅱ.①武… Ⅲ.①心理学—通俗读物
Ⅳ.①B84-49

中国版本图书馆CIP数据核字（2018）第187090号

为何你总是会受伤
WEIHE NI ZONGSHI HUI SHOUSHANG

出 版 人	李声笑
著　　者	武志红
责任编辑	刘　芳
封面设计	天行健
出版发行	民主与建设出版社有限责任公司
电　　话	（010）59417747　59419778
社　　址	北京市海淀区西三环中路10号望海楼E座7层
邮　　编	100142
印　　刷	河北鹏润印刷有限公司
版　　次	2018年9月第1版
印　　次	2024年4月第6次印刷
开　　本	710mm×1000mm　1/16
印　　张	12.5
字　　数	149千字
书　　号	ISBN 978-7-5139-2269-2
定　　价	49.80元

注：如有印、装质量问题，请与出版社联系。

看见，就是爱

从2001年进入《广州日报》起，我就一直在关注各种热点新闻。特别是2005年开始主持心理专栏后，对这些热点新闻事件进行心理分析，就成了我必须要做的工作。

对这份工作，我也充满热情。

对很多热点人物，或热点新闻进行剖析。这部分写作，也是我最有感觉的。因为在做剖析时，我非常担心写错，于是每篇文章都花了大量的时间和精力去调查了解相关的人和事，这些投入，也为我带来了很好的写作效果。

这些文章，都收录到之前出版的《解读疯狂》和《解读绝望》这两本书中。

我可以自恋地说，我的写作非常打动人。在当当网、亚马逊和京东看大家对我这两本书的评论时，很多人说，原来这些事件是可以被理解的，原来它们是有如此深刻的原因和逻辑的。

现在，我将这两本书中的精华文章，以及后来写的一些新闻分析，一起录入到这本新书中了。

在正式介绍这本书时，我想讲一个故事。

应该是 2017 年国庆时，我回到河北农村老家，和父母聊村子里的事。他们说，比起以前来，现在村子有了巨大变化。

例如，婆媳间的恶性争斗少了很多。

例如，现在的孩子，大都很好看，甚至丑人生的孩子也很好看，而且孩子们一个个都很聪明。

……

这些变化很多，我不一一列举了。

老人们对这些变化感受最深，爸妈说，常有老人奔走相告，现在活得太开心了，咱们要多活几年。

这些变化，有现实原因。譬如，之所以新生儿都更漂亮了，是因为现在产检比以往发达太多。婆媳之间的恶性争斗少了，是因为媳妇们的权利多了很多，同时老人们也都有了养老金，虽然数额不多，但因为老人们不缺吃的，这笔养老金也足够用，不用再找孩子们要了。老人们也有了医保，医疗有了保障，和孩子们之间的冲突就更少了。

同时我想，这里面也有深层的原因。

心理学上有一对术语：生能量和死能量。顾名思义，这对术语可以很直观地去理解，生能量就是热情、创造力和爱这些能量，而死能量就是冷漠、毁灭和恨这些能量。

像我们村子里以前的那些问题，可以理解为死能量的表达，而现在的好转，可以理解为生能量的增强。

这些理解，是我有一天在家里找我的精神分析师做视频咨询时突然领悟到的。与此同时，我的一种观感也发生了变化。我所住的小区，从2005年开始入住，小区里一直有各种装修工程。特别是这个小区视野最好的一排别墅，它们不断被卖来卖去，而每一位新房东好像都会拆掉以前的装修，自己再重新装修，装修时产生的噪声就没有断过。我做视频咨询时，噪声也会侵入我的书房，影响到我。

以前，我对这些噪声只有反感和烦躁，但现在，我从对村子里的生死能量的转化，延伸到了这个小区。我想，这些连绵不断的装修，也是生能量的一种表达吧。过去很难拥有自己房子的人，当有了一套满意的房子后，会投入巨大的热情，想创造出符合自己心意的家。

当有了这样的理解后，我甚至对这些噪声都有了一些喜欢。心理学中的"理性情绪疗法"认为，不是事件导致了你的感受，而是你对事件的理解导致了你的感受。

我的这本书中写的故事，多像是我们生活中的噪声，它们也带着程度不一的死能量而来，都不会让人感到愉快。但是，对于这些噪声的理解非常重要。

因为，心理学中有一个最基本的假设：看见，就是爱。

对于这些事件，人本能上容易想把它们划为彻底不能接受的"坏"，而制造这些事件的人，则是彻头彻尾的"恶魔"，我们不必理解它，消灭它或者远离它就好了。

这种态度可以理解，不过最好的方式还是，不管一件事情看上去多么不好，理解它都至关重要。理解这些黑暗之事，就是把光带入黑暗，这些人性中的黑，也因此被照亮。

当真的懂得这些黑暗后，我们更不容易陷进去。所以我常说，越懂黑暗，越相信光明。

看很多读者对我这些文章和图书的评论，我也看到了这一点。

我们也可以说，懂得这些黑暗，把光引入黑暗，就是在将死能量转化为生能量。

当我们这样做的时候，你会发现，本来被你视为的绝对不可接受的匪夷所思之事，它背后的心理逻辑、背后的人性，在你身上也存在，只是程度不一样而已。

精神分析认为，好的父母，该是一个结实的容器，孩子的生命能量，可以在这个容器内流动，一旦孩子发现，他的生命能量被允许、被看见，这份生命能量就会转化为生能量。相反，如果父母容纳不了孩子的这份生命能量，这时这份能量就会转入到潜意识的黑暗中，成为死能量。

这本书中故事的主人公，不管他们表面上显得多么有力量，大多都是自我虚弱的人，他们的很多不可思议的行为，都是为了显示他们的力量，并想被这个世界看到。现实世界是有疗愈的，他们最终被世界看见，并因此变得更好。毕竟，看见就是爱。

真正的力量，真正的自我强大，其实都是因为被看见。

目录

PART 1

与受伤的内心小孩对话

婴儿期的失控 / 002
孩子失控时,他都要归罪于外部世界 / 002
我们为什么怕黑 / 006

怎样和不会说话的婴儿互动 / 008
婴儿需要的是活生生的妈妈 / 008
母子的亲密关系来自丰富的互动 / 010
妈妈,请看着我,和我说 / 011

生命的根本动力,是离开妈妈 / 016

如何与孩子实现平等对话 / 019
父母对孩子是恨,还是不会爱? / 019
爱需要走出自恋 / 023

PART 2

越懂黑暗，越相信光明

完美的人背后常藏有超常的痛苦 / 028
超常的痛苦催生超常能力 / 028
疾病的初衷是保护自己 / 033

车人合一感：攻击性驾驶的心理分析 / 036
一切都是别人的错 / 038
愤怒，因为世界没有按我的设想运转 / 039

暴怒，多是因为全能自恋 / 043
暴烈脾气，大都因为自恋 / 043
任何不如意，都有主观恶意动机在 / 047

"我行，你也行"是唯一健康的人际模式 / 049
"没有人能让我爱上，我也绝对不会去爱别人" / 050
爱情一开始都是在重复童年的模式 / 053
父母不要我，一定是我不好 / 054
无条件地爱自己，也无条件地爱别人 / 056
网络匿名性让人丢失"超我" / 060

优秀的女性为什么怕成功 / 062
我们是否具有很高的成就动机 / 062
高成就触发了内心强烈的愧疚感 / 067

请接受自己优秀的事实 / 068
男性也有成功恐惧 / 070
拓展阅读 / 072

情爱关系中的珍惜原则 / 076
别在私人关系中做太绝 / 076
让带着本心的我和你的本真相遇 / 079

PART 3

生命的不可承受之重

消失的边界 / 084
界限意识是关键 / 084
你的善良，也许只是软弱 / 088

走出共生，开启独自探索之路 / 090
孩子渴求拥有独立空间 / 091
如何摆脱病态的纠缠关系 / 095
比纠缠更可怕的是对孤独的恐惧 / 096
仅仅作为一个人的存在就是有价值的 / 100

做强人父母的孩子，并不是那么容易 / 104
强势父母的孩子容易制造麻烦 / 106
每个人都想在关系中寻找价值感 / 107
找到自己生命存在的方式 / 111

你的个人意志是否存在 / 114
　没有个人空间的生命为何脆弱 / 114

溺爱的心理真相 / 118
　爱主要是从童年与父母的关系中学来 / 120
　父母溺爱孩子，或许是因为自己渴望爱 / 122
　我们为什么如此热爱做看客 / 123

与自己的感觉保持链接 / 127
　安娜·卡列尼娜的爱情悲剧是为了什么 / 128
　被时宜淹没也就丧失了自我 / 130
　你是否有你自己鲜明的立场 / 132

内在父母和内在小孩的分裂 / 135
　逃避挑剔的"内在爸爸" / 137
　内在的父母和内在的小孩的撕裂 / 139
　失恋等于又一次失去"妈妈" / 144
　告别痛苦的唯一方法是直面痛苦 / 149

生活太苦，我们就有可能为"甜"发愁 / 153
　逃避真实的心理感受 / 154
　病态的心理防御机制 / 157
　不管遇到什么挫折，都有一个安全基地 / 159

大学生的自杀之痛 / 161
　冲动型自杀最为常见 / 162
　抑郁型自杀难被现场制止 / 164

"精神上的意外" / 166
大学生的自杀倾向多数是在以前形成的 / 168

关系，是生命最本质的渴求 / 171
可怕的童年，恐怖的父母 / 171
孤独的青春，致命的幻想 / 175
表达爱的方式并不是绝对的"占有" / 177

无回应之地，即是绝境 / 181

PART 1

与受伤的内心小孩对话

婴儿期的失控

孩子失控时，他都要归罪于外部世界

我看过一个非常简单的小视频，一只小狗打了两次嗝，之后它就开始叫，而且叫的时候它似乎觉得外部世界有个敌人，它是在对着那个敌人进行吠叫的。

这是怎么回事呢？按照精神分析的理论来讲，这是一个很经典的案例，在小动物、婴儿，也包括部分还停留在婴儿期心理发展水平的成年人身上，你会看到这样的现象。小狗发现它控制不了打嗝这件事情，也就是说打嗝这件事失控了，失控发生之后，分裂和切割这样的心理机制就发生了。

对这个小狗来讲，先是发生了一次打嗝，接着它想控制这次打嗝，但是控制失败了，接着它就开始叫。

我们可以大致推理小狗的心理是这样的：打嗝这件事情是我不能控

制的,既然我不能控制,那就应该是另外一个力量在控制打嗝这件事情,而且因为打嗝是有点不舒服的,所以控制这件事情的另外一种力量是有些恶意的。所以小狗就会对着外面吠叫,因为它觉得打嗝这件事情应该是在它身体之外的一个敌意的力量在控制。

最后大家发现它转过身来,就好像要去咬自己的尾巴,这个时候它就开始怀疑,也许身体之内有一个力量在控制着它。比方说它的尾巴,虽然(尾巴)是它的身体上的东西,但是因为尾巴在它身体的末端,所以它会试着把这个尾巴切割到"我"的范畴之外,它怀疑尾巴是敌意的源头。

这是一个很简单的视频,但是它非常经典,对小狗、婴儿来讲都会发生这样的事情。

我曾经做过一次思考,思考什么叫作善,什么叫作恶。我想,其实对一个生命来讲,善和恶会有这样一种逻辑:我能控制的范围就叫作善,我不能控制的范围就叫作恶。

这种心理,对成年人来讲非常复杂,但对婴儿、小动物来讲就非常简单。比如打嗝,假如我能控制住它,那么这个事情就是一个很有趣的、好玩的、善良的事情。但是当我不能够控制这件事情的时候,就变成了一种恶意的事情,而且接下来这个婴儿或者小动物就会使用分裂(或者叫切割)的心理机制,那就意味着"我不能控制打嗝这件事情",应该是有另外一个力量在控制它,这个时候分裂就发生了。

最初这个小狗的分裂是"在我身体之外的一个敌意的力量在和我作对",或者说分裂成"我和我不能控制的另外一部分",而且"另外一部分"是恶意的。

当打嗝继续不能控制的时候,这个分裂就进一步变得严重,它就开始去看看是不是自己的尾巴、自己的身体在导致这样的事情,其实这个时候就意味着它把自己的尾巴也要切割到"我"之外。

如果我们留意去看,婴儿的身上这种现象数不胜数,可以直接拿过来置换。如果打嗝发生,而他控制不住,你会发现他很快就会陷入烦躁之中。因为他觉得他被攻击了,他必须找到这个攻击他的力量,然后他要和它作战。

因为婴儿不能表达,也不能够怎么样,所以我们未必能够很清晰地理解到底发生了什么,但在一些大的孩子身上就比较清晰。

比如说有一个网友曾经在我的微博留言,她的孩子把牛奶打翻了,结果他过来攻击妈妈。

这是怎么回事呢?他会觉得本来我应该能够控制住倒牛奶这件事情,但是我控制不住,而且在他的世界里主要的(力量)就是我和妈妈,既然我控制不住倒牛奶这件事情,那就应该是另外一个力量在控制着这件事情,当然这个另外的力量就应该是妈妈了。牛奶被打翻了,失控发生了,他就会认为妈妈变成坏的了,相当于坏妈妈打翻了牛奶,所以他要去攻击他的妈妈。

这个孩子应该是一两岁了,他能够表达,所以当他的妈妈问他的时候,他就说出来了,他觉得是妈妈打翻了牛奶。

小孩子把妈妈视为坏人,看起来这是一件不好的事情,但对一个小孩来讲,这样也不错,因为他归罪于妈妈要胜过归罪于有一个另外的力量在控制着他。

当孩子失控的时候,他都要归罪于外部世界,假如他说有一个看不见、摸不着的力量在攻击他而导致失控发生,那么这个时候他当然知道这个力量是他控制不了的,所以他会有一种彻底的失控感,并会将这个彻底失控的部分切割到"我"之外。

假如这个孩子觉得这是坏妈妈导致这件事情（的失控），那其实就意味着一种修复的可能性，即妈妈可以跟婴儿一起努力来克服这件事情。当这件事情克服之后，婴儿就会觉得"我是好的""妈妈是好的"了。这个时候一个失控的事情就变成可以控制的了，而一个"坏妈妈"就变成一个好妈妈了，这样一来这个孩子的世界就发生了重要的转化。

我相信讲到这儿，大家就会知道，对于一个孩子来讲，特别是对于一个婴儿来讲，妈妈或者一个成年养育者的陪伴非常非常重要。

虽然婴儿的世界很简单，就是吃喝拉撒睡玩，当然还包括其他一些隐秘的部分，但吃喝拉撒睡玩是主要的，如果一个妈妈很用心的话，可以在很大程度上帮助她的孩子去控制这些事情。

假如是一个成年人，父母是控制不了他的世界的，也满足不了他，因为那个时候涉及结婚、生孩子、找工作各种各样的事情，甚至学习这件事情，父母也已经没办法帮孩子去完成了。但是，对于一个婴儿来讲，吃喝拉撒睡玩，一个有感觉的妈妈可以在很大程度上帮孩子完成。

假如婴儿活在他的世界里，他的世界主要就是吃喝拉撒睡玩这样的事情，并且他的事情处在一种基本可控的状态之内，对婴儿来讲，他就会觉得他活在一个善意满满的世界里。

当然，失控不可避免地会发生，所以对婴儿来讲必然有一个世界被他切割出去，并且这个切割出去的世界，是有一个无法控制的力量在导致这些失控发生。

我们为什么怕黑

我一个朋友在他的孩子1岁半之前连着搬家几次，结果他发现他的孩子开始害怕黑影。

一个孩子将自己与外界切断，通常意味着他觉得外界充满敌意。

其实我们可以这样来理解，因为连着几次搬家，这对一个小婴儿来讲刺激太大了，他会经常处在失控当中。这些失控发生之后，他也像视频当中那只小狗一样在寻找到底是什么样的敌人导致了这些失控发生。黑暗像是一个看不清、摸不着的力量，而且黑暗之中似乎藏着他看不见的力量在发挥着作用，所以这个婴儿就会觉得是有一个力量藏在黑暗当中导致了失控发生，因为他没办法理解是因为搬家导致了这一系列失控发生。

成年人怕黑实际上就是从这儿来的，甚至我们可以用怕黑的程度来衡量一个成年人在小时候面临的失控有多少。一个小婴儿，妈妈及时地满足他、照顾他、陪伴他，让他顺利地完成吃喝拉撒睡玩带来的种种挑战是非常重要的。

我们可以再次强调，一个婴儿如果有太多失控发生，那就意味着他会将太多的事情切割到"我"之外，最严重的事情是婴儿处在一种全然的封闭状态；他好像对整个世界没有兴趣，这个时候他其实是将整个世界都切割到"我"之外，这意味着他觉得整个世界都失控一样。

对于全然封闭的孩子来讲，有任何事情侵扰到他，他都可能会发狂。因为他会觉得任何事情都是他控制不了的，所以任何事情对他来讲都是一种入侵，都是一种充满敌意的力量。

换成另外一句话来说，妈妈或其他的养育者把孩子养育得多好，婴儿就在多大程度上把妈妈或者其他养育者纳入到"我"之内、"好"之内。

一个健康的孩子会是一个充满活力的孩子，他会对周围世界充满好奇和探索欲望，因为之前他的吃喝拉撒睡玩被照顾得很好，所以他会觉得虽然有些事情会暂时处在失控之内，但是经过努力，这个事情就会重新恢复到控制之中。他会觉得虽然像是有一个外部世界，但这个外部世界似乎也是在"我"之内，经过一定的探索和努力可以纳入到"我""好"的世界之内。

我们再做一个推理，对一个相对封闭的孩子来讲，他可能只会对很少的事情感兴趣，其实这会意味着只有很少的事情他才能控制，封闭的世界之外是他不能控制的事情。

对婴儿来讲，他越小，对他的照顾就越重要，因为他的吃喝拉撒睡玩的需求都有赖于一个成年养育者的陪伴。对他来讲，所谓的控制就是妈妈或者养育者把他照顾得非常好，及时地回应他。及时的回应非常重要，你回应得越快，就意味着他在越快的时间之内解决失控这件事情，让世界重新恢复控制。

随着孩子逐渐长大，另外一件事情就变得很重要，他要尝试着尽他自己的力量去完成一些事情，这个时候他逐渐觉得"我完成了这件事情""我可以控制这件事情"，这种感觉对孩子来讲是非常宝贵的。我们可以这样来理解，一个被照顾得很好的孩子，他会觉得他是活在善意满满的世界里；一个被照顾得很不好的孩子，他就会觉得他是活在一个恶意满满的不可控的恐惧世界里。我们要知道，在孩子越小越容易失控的时候，成年人对他的照顾和帮助越重要。

怎样和不会说话的婴儿互动

婴儿需要的是活生生的妈妈

我曾和一位资深心理咨询师聊天,第一次知道了"读经宝宝"这回事,顿觉三观尽毁。这位咨询师也说,她第一次听到时,也震惊至极,乃至开始怀疑人生。

所谓读经宝宝,就是从婴儿一出生,就给婴儿读各种经书,目的是,从生命一开始,就给孩子灌输知识。

给婴儿读经,这是真实版的"别让孩子输在起跑线上",但用这种方式对待婴儿,结果将与家长的初衷背道而驰。

这位朋友给我看了一个视频,一位表情僵硬的妈妈,在给自己几个月大的婴儿读经。我看时,不寒而栗,觉得孩子的需求被忽略了:婴儿多次转脸,几次转身,试着从这种他不能理解的、毫无意义的声音中逃走,但这超出了他的能力,妈妈一次次将他的身子扶正,然后继续读经。

这位受过高等教育的妈妈说,她听说过一个孩子,才三个月就识字了。

婴儿怎么识字?标准是什么?原来就是,妈妈手里拿着两张字帖,然后嘴里读一个字的音,而孩子能做出准确选择。

这样的事,真是让我有冒冷汗的感觉。这叫识字?三个月婴儿的这种"识字"毫无意义。对婴儿来讲,和活生生的妈妈建立生动的互动与链接,是第一位的。婴儿观察课,是精神分析流派发展出的一个项目,顾名思义,即对婴儿进行系统观察,特别是母婴关系。

在婴儿观察课上,有的妈妈就算是极有问题,但也是在用人的方式和孩子打交道,哪怕是带着对孩子的憎恨。但还有一些妈妈,太急着给孩子灌输文字性质的教育,结果她们的神情与身体非常僵硬,而其婴儿,也常无力如面条,无比孤独。

有咨询师朋友,深入了解了一些读经宝宝的妈妈,发现她们多是自己在婴幼儿时,没与父母等养育者建立起丰富互动的关系,所以不知道自己怎样和不会说话的婴儿互动,而读经算是一根救命稻草,一个和孩子互动的办法。

当然,这个办法,其实不叫互动,因为只是妈妈们给孩子灌输,灌输也就罢了,让事情更糟糕的是,灌输的这些经文,对婴儿来讲毫无意义。甚至,如果婴儿真这么早地就活在这些经文中,他将碰触不到真实的世界,而陷入一个非真实的诡异虚幻中。

语言是身体的末梢,法国精神分析大师拉康如是说。语言虽然很重要,但相比起身体,相比起体验,语言是细枝末节,而且语言是体验的抽象表达,语言不及体验之万一。而婴儿,则是身体心灵最敞开的时候,感受力无比敏感,这么早就给孩子灌输哪怕是最经典的经文,也是舍本逐末。

我曾尝试打坐、深度催眠的方式，让自己的头脑尽可能地安静下来，结果感受力提高到了不可思议的地步，这时才明白，语言真不及体验之万一。

可以这样说，体验的波动，如果是以万为单位，而语言的波动，其实只是以个位数为单位。

语言很重要，人类一个重要的学习，是能用语言来表达自己的体验，但仍然得知道，体验是第一位的，而语言学习是第二位的，并且两者的分量完全不是一个级数的。

母子的亲密关系来自丰富的互动

婴儿没有语言能力，这会让一些难以和人建立链接的妈妈焦虑，不知道如何和孩子互动。哪怕再焦虑，拿掉经文，试着和孩子直接相处，都是更好的选择。

再好的经文，对婴儿来说，也是苍白的，让婴儿和没有情感的声音待在一起，就是在要孩子的命。无回应之地，就是绝境。所以给婴儿读经，就是陷婴儿于绝境。

网友馨文胡说：现在好流行这个，各种胎教，真不如妈妈的一个温柔对待。

这是至理。

给婴儿读经，远离教育的本质。婴儿的精神胚胎还未展开，他还没来得及用自己的心、身与灵魂，来感受这个世界，与这个世界建立生动饱满的链接，就已被灌输了不明所以的东西，他的感受与思考，由此被锁住了。

其实老子在《道德经》里都说了：复归于婴儿。结果我们反而违背规律，去给婴儿灌输他还不能理解的东西。

国际依恋研究协会创始人 Patricia 甚至反对玩具，觉得玩具破坏了孩子与父母的直接互动。她说："对孩子来说，世界上最好的玩具，就是妈妈的脸。"

当然，这句话的意思不是说，孩子拿妈妈的脸当物质性玩具，而是说，妈妈因与孩子互动而表情生动的脸，是孩子最喜欢的"玩具"。

网友"冬冬大美妞妞"发现了这一点，她说："我家孩子现在很喜欢看小猪佩奇，但是只要是说有爸爸妈妈跟她一起玩，她马上就不看动画片了！孩子很渴望跟家长一起玩，哪怕是你跑我追他们都会很开心。"

切记这一点：妈妈、爸爸与孩子丰富的互动，胜过一切教育。孩子越小，这一点就越是重要。

妈妈，请看着我，和我说

浙江台州赵女士的儿子读小学二年级。妇女节当天，他给妈妈讲故事、捶背……可妈妈却一直在低头看手机。宝宝心里苦，于是写下了一篇很伤心的日记。

"没有意识到我的行为对孩子有这么大的影响。"赵女士说，以后要放下手机多陪陪儿子。

网友在我微博留言分享了一些他们的故事。

@花生3：我也有这种经历，要么就是随口回应但并没听我在说什么，要么就是电话打过去说怎么看到未接也不回，就说，你找我能够有什么事。

@super学海无涯：我也是，每次跟爸爸聊天它都眼睛盯着电视看，还说听着我说呢，生气也无奈。然后是现在的老公，只要一谈点什么不是看电视就是看手机，我抗议，他还理直气壮地说眼睛看不影响耳朵听我说话，气愤至极。

@南半球的花园：我也是，每次有空我都缠着我妈让她和我聊天，她总是把我推到一边说我烦，这么大人了还缠着父母。然后自己玩手机睡觉，总是不重视我的感受，我真的很难过。沟通过，她还是这样。

@遗传基因咨询顾问文静：有一对夫妻，妻子多次请求丈夫多陪陪她，她丈夫背对着她面对着电脑说："我现在不正陪着你吗？"来回几次妻子不再需要这样冷冰冰的陪伴了，他们也从此成了陌路人。

@阿萝妈：我女儿经常使劲掰我的头到她那边：妈妈看我！

@斯嘉丽-Princess：我父母就是极少受关注，所以他们也极少关注我，我跟他们反映说让他们多关注我，结果他们还会生很大的气，说我很烦，不会自己一个人玩啊。现在他们老了，又过来向我寻求关注，我也很生气，觉得他们烦。

@windcyy：我爸妈从老家来我这儿过年，每天晚上吃完饭，沙发上一坐，电视打开，我就完全没有跟他们说话的欲望了，带着仔去旁边房间或外面玩。过来三个月，没怎么交流过。

我们的父母是败给电视，我们这代是败给手机！

@happy_猴年大吉：我年少时也曾经跟母亲说过，她不认真听我讲话。但是，人家是振振有词：我没空。等她有空了说：我现在有时间，你说。我已经不想再跟她说话了。

@SUEYA-L：我见过一些家长带孩子出去玩，孩子在叫他们别玩手机，他们连过马路都玩手机，真是可悲啊，好心寒。

最后还想到了卞之琳的诗《断章》，我一直觉得是首看似美实则悲伤的诗：

你站在桥上看风景，

看风景的人在楼上看你。

明月装饰了你的窗子，

你装饰了别人的梦。

看了日记和网友留言，我想起了我的来访者的一个故事。

这位来访者是企业高管，他的问题是，无论在什么场合，都非常非常紧张，紧张背后是自卑——他总觉得别人都对他说话不感兴趣。

根据他的其他一些问题，也加上经验和感觉，我猜他和妈妈的关系质量很有问题。听到我这个推测，他说，怎么可能，我和妈妈的关系再好不过了。

怎么个好法？我问他，能说说吗？

他说，几乎每天回家，他都会和妈妈聊天，从晚上七点聊到十点，是很平常的事。他现在已有三十多岁，在他的记忆中，他和妈妈的关系一直如此。

听他这么说,我也不禁怀疑,自己的推测错了,但还是继续问他:既然和妈妈聊了那么多,那么,你和妈妈聊天时有什么印象深刻的美好回忆吗?能不能说一两个?

这个问题戳到他痛处,他很惊讶地发现,他竟然一段印象深刻的和妈妈聊天的片刻记忆都回忆不起来。

这出乎我的预料,我想了解得更具体一点,于是问他:能描绘一下你和妈妈聊天的具体情形吗?

他讲了,就和那位小学生日记写的感觉是一样的,并且,三十年如一日。即,永远是,他看着妈妈说话,而妈妈给他一个侧脸,她的脸永远是正对着前方,妈妈在听,也有回应,但从来都是心不在焉似的。这让他时刻在怀疑,是不是他讲的事情没意思,妈妈不喜欢,甚至,妈妈根本就不爱他。

讲出这么具体的感受后,他发现,他在普通关系里的那份紧张和自卑,就和他与妈妈关系里的这种感觉完全是一致的。

他也体验到了,在和妈妈这样谈话时,他多受伤,多愤怒。

回到家后,他向妈妈袒露了这份伤,并表达了愤怒,其间痛哭。妈妈被惊到,真诚向儿子道歉,接着学习和儿子在谈话时,面对面,眼睛对着眼睛,并接连三次,她用心表达了对儿子的肯定。这三次,都让儿子深切体验到,妈妈真的看到了他,真的在乎他、爱他。

仅仅是这样三次有质量的回应,就让他有了双脚踏在大地上的感觉。

正好他面临着几个蛮大的挑战,这些挑战让他有失控感,譬如头晕,感觉自己像是漂浮着的。在咨询中,我让他一次次体验妈妈这三次有质量的回应,带给他脚踩大地的感觉。而他每次回忆这些时刻,都会感动得落泪。

后来，他战胜了这几个挑战，顺利得不可思议，甚至是完美。

看见，就是爱。而爱，可以如此有力量。

我这位来访者和那位小学生的经历，并不少见。在我的微博上，也的确有很多朋友讲到了类似经历，既有自己在父母前体验到的，也有自己不用心和自己孩子对话的。

这都可以理解，因为很多母亲与父亲，自己也极少体验过，什么叫全神贯注、有临在感的对话，所以他们也会习惯性地将这一点延续下去。

我们的人际关系相处模式，大抵如此，大家很在乎关系，但关系质量普遍不怎么样，缺有质量的回应，缺临在，缺链接。

但这是可以学习的，试试在某些时刻，在你珍惜的人面前，全神贯注地在一起，用你的全部身心，去听对方讲话。

你会发现，这有多美。

生命的根本动力，是离开妈妈

中国当代艺术家的"F4"中，我最早关注的是张晓刚与岳敏君，后来有人在微博上向我推荐方力钧，于是才开始关注他的作品，给我留下了很深印象。

必须得说，能欣赏"F4"的作品，咨询起了很大作用。我是2007年才开始正式做咨询的，我的多数咨询都是长程的，现在还进行的个案，都至少持续谈了三年以上。

长程意味着深度，而深度咨询，才能深入来访者内心深处，也因为不断碰触深渊一般的人性，才发现，这些艺术家所表达的，就是潜意识深处的人性。以前不能领略到这一点时，就会觉得他们是"审丑美学"——干吗要把人画得那么丑！

方力钧的画作，其中一组男人在水中苦游的作品，让我想起一个宅男来访者常做的梦：他在黏稠的、像糖浆一样的液体中游泳，但液体的黏度太大了，他的手脚像被绑住一样难以伸展，以至于都像是慢动作。

咨询中，我问这位宅男：像糖浆一样的液体让你想到什么？他首先想到的是妈妈的爱，妈妈的爱，就如糖浆；接着又想到，他对妈妈的愧疚。妈妈的爱太沉重了。妈妈多次说过，我的生命中只有你。其实，他有父亲，但妈妈和父亲的关系很疏离。

我的生命中只有你。当一个妈妈这样对儿子讲话时，其意思是，我和你是共生在一起的。

玛格丽特·马勒说，6个月之前的婴儿，处于正常共生期。她的意思是，只有对6个月之前的婴儿来说，共生才叫正常，之后的共生，都是病态共生。

共生，本来是6个月之前的婴儿的正常需求，但在这个宅男妈妈那里，变成了妈妈的需求。于是，不再是儿子想和妈妈共生在一起，而主要是，妈妈想和儿子共生在一起了。

但是，随着孩子逐渐长大，孩子就会从共生走向独立，开始越来越渴望离开妈妈的怀抱，进入到广阔的世界当中去。这位宅男也不例外。可是，当他流露出哪怕只是一丝一毫想离开妈妈的意思，妈妈就会表现得痛不欲生。

这导致了他对妈妈的强烈内疚：生命的根本动力，驱动他离开妈妈。这时他发现妈妈会活不下去，可不管妈妈多么痛苦，他还是想离开妈妈——虽然事实上没做到。由此，他想离开的动力，就像是攻击了妈妈一样——你看妈妈是多么痛不欲生。于是，他变得非常内疚。

对他而言，妈妈的共生渴求，像黏稠的糖浆一样，粘住了他的手脚，让他动弹不得。

如果你有类似的梦，或类似的感觉，那很可能都意味着，你还处于和某个人共生的关系中，而这个人最容易是你的伴侣，但最初，或潜意识深处，多是你的妈妈。

如果妈妈不能和孩子分离，而将孩子视为自我的一部分，那孩子的心理会是混沌的、未分化的，你我不分的。

黏稠液体的原型，应是妈妈子宫里的羊水。

黏稠液体的梦与意象，是他们人生的比喻。他们做很多事情时，都会感觉到仿佛被什么粘着似的，难以展开。他们会对妈妈，或者被他们投射妈妈的人，如伴侣、孩子或领导，保持着极大忠诚。同时，很有意思的是，为了和这种共生对抗，他们也会发展出一系列他们自己意识不到的防御方式，来阻挡任何人进入他们的心。

我们需要被看见，而那得是带着理解、爱和接纳的眼睛，并且看见的也是我们自身，而不是对方的想象。但是，在我们的黏稠关系场中，我们遇到的眼睛和我们自己的眼睛，多是苛刻、评判、不够友好的眼睛。最差也是有很多要求的眼睛——你必须符合他的期待。

譬如，春节期间，如果年轻人回家，势必会被七大姑八大姨盘问：你恋爱了吗？你结婚了吗？你挣多少钱……

黏稠的关系场中，常常是你什么都还没做，就已累得不行，因为你的很多能量在你没有觉知的情形下，在紧张地应对着这些盯着你的眼睛。所以，有了所谓的过年后综合征：对太多人来说，回家过年其实没有回到港湾的味道，相反等回到小家庭和单位后，反而很放松。

黏稠关系场，容易导致的一个现象是：你不能出错。稍有差错，那些眼睛便会不高兴。如果发现，自己特别不能接受自己出错，那意味着，你行动的空间非常狭小。觉知到这一点，可以试试，让自己犯一些理性上和事实上无伤大雅的错误，自己对自己说：没关系！

由此，多伸展一点自己的手脚。

如何与孩子实现平等对话

最好的治疗是拉近一个人与他的人生真相的距离，假如这个人彻底拥抱了他的人生真相，那就是最好的人生境界了。所以，去拥抱你的灵魂的黑夜，即没有距离地去面对你人生中的悲剧。

——美国心理学家　托马斯·摩尔（大意，非原话）

父母对孩子是恨，还是不会爱？

我的同门师弟、北京大学心理学副教授徐凯文写了一篇文章引发了微博和心理学圈中的一些讨论。

他的文章内容，本来主要讲的是孩子该如何化解对父母的恨，并最终达成与外在父母和内在父母的和解。这个内容很好，毕竟谁会反对与父母的和解呢？我自己在《为何家会伤人》一书出版后不久，就想过要写《与父母和解》的书，只不过素材与感觉一直累积得不够，所以还没动笔。

凯文的文章主体，我是非常赞同的，文章中讲的故事以及如何治疗的逻辑，也展示了一位资深咨询师的功力，很多读者也说文章让自己受益。

先看看网友的直接说法：

@xxliu2016：很早以前，大概念初中时，我妈骂到我崩溃的时候，我说我死了做鬼也不放过你，她好像有点得意的样子，好像顺了她意思。我一直觉得我是不是看错了她的表情。我无法相信她心里有那么黑暗。她平时一副老好人的样子。

文艺小迷糊：我妈曾经在我精神崩溃的时候得意地笑。

@amandaaaaaaaaa：我妈就这样，我被攻击痛苦时，她脸上却有我从未见过的开心和意气风发，那表情简直可以说是容光焕发，看她那样，我的心就慢慢死了。

@小猪112生发灵官博：想起一个类似的事情。初中的时候，有一次因为被父母反复指责而发怒，我跑进房间躺在床上既愤怒又绝望地嘶吼，手乱拍，脚也到处踢，像个疯子。但是我的爸妈走进来一起笑我，说我光叫不流眼泪，还说要拍下来。我更加愤怒地发泄了很久，他们觉得无聊，就不笑了，一直叫我停下来。

@KATETCHANG：我爹娘有时数落我数落得很开心，就是那种嘴上一副为你好，心里一副我可逮着个好机会骂你蠢骂你没长脑骂你一无是处个三天三夜了，反反复复，嘴角含笑，嗤笑里带着嬉笑。尤其是他们有什么不顺心的事情，可找到了一个好机会把内在的羞耻感无力感都投射给我了。

@冉晴心：骂我，指甲抓脸，破相让我无脸见人，高二那一年，班主任当着全班面问我的脸怎么了，我恨不得找个地洞消失，嘴上却跟老师说：我下楼摔了一跤。但伤害最深的不是打不是骂，而是14岁生日那天我妈吐在我脸上的那口唾沫，我没哭，而是惨淡而绝望地擦干净后笑了，那一刻我觉得我的心死了。

以上都是网友从孩子的角度讲的感觉。
也有少数网友讲自己作为施虐者的感觉，并坦承这时很爽：

@萌脸小狐狸：等自己变成这样就懂了，我对伤害亲近的人都无动于衷，还觉得很爽。看别人流血了，自残那一刻我感觉像欣赏战利品一样。后来自己主动要求住院去了。

另外一件让我印象极深的事情是，我在《广州日报》刚写心理专栏时，一个女孩给我写信说，她有一个心爱的男友，但她父母以死相逼要她分手。她极其痛苦，问我该怎么办。

我约了她和她父母谈话，迅速发现，关键在她妈妈身上，我问妈妈为什么反对女儿和男友，她说了很多理由，譬如女儿相貌远胜过他，女儿学历高过他，等等。但这些理由漏洞明显，被我一一驳倒，最后妈妈情绪狂暴地说出了她的真实理由：女儿原来说过，恋爱前会先给我看看男孩怎样，我同意她才会答应，可她偷偷瞒着我谈了几个月后我才知道！！！

这份暴烈的情绪，才是这位妈妈坚决反对女儿婚事的真实原因，而她表达了无比坚定的决心，他们必须按照她的意思分手，如果女儿非要和他在一起，就会"死"人。受她情绪裹胁的丈夫则对女儿说，如果你们结婚，请踏着我的尸体过去，或者我会先弄"死"那个男人。

必须说的是，这个女孩很爱很爱男友，而且她确定他是一个好男人，他们在一起会幸福。但最终，当明白父母的决心后，她选择了分手，而后则离开父母远走高飞。

从事实的角度来讲，毫无疑问，很多父母会严重攻击自己的孩子，而且在攻击孩子时，部分父母会有爽的感觉，这种现象是存在的。

心理学特别是心理咨询与治疗，不能停留在现象中，必须看背后的心理机制。

关键还是怎么解读。不同的心理学者有不同的解读，凯文是这样解读的：

因为从家族中传承的问题关系模式和创伤，我们往往从自己父母那里学来的是亲密关系中的互相伤害、忽视和抛弃。然后再把这种模式认同下来，继续在自己的家庭中，在和自己孩子的关系中重演悲剧。这种复制真是简单到——"除了伤害孩子，我不会别的方式，即便知道这样不好，甚至因为自己曾经被伤害而痛恨这种方式，但不知不觉中自己也由受害者成为最痛恨的加害者，而伤害的对象正是自己最爱的孩子。"

…………

经过讨论发现，其父母竟是如此笨拙地用伤害来与孩子相连接，连爱都只会用鄙夷和训斥的方式来表达，他开始从自己身上寻找解决的力量,渐渐从抑郁中走出来。

这种解读,把恨说成了不会爱,甚至像是把恨说成是爱似的,这很容易让人犯迷糊。

在这一点上,广州的心理咨询师胡慎之反驳说:

"爱和恨两种情感未分化状态,谈和解,只会更委屈。表达恨意,对于我们来说已经很难了,唯有表达真实的情感,才有机会成为自己。"

在这一点上,我认为凯文绕了很多弯,才能将父母虐孩子时的愉悦表达成别的东西——天下无不是的父母,父母怎么做都是出于爱意。

爱需要走出自恋

其实,一些父母虐孩子,或看孩子自虐时有愉悦感,可以有一个非常简单直接的解释——自恋性暴怒。

即,一些父母还处于婴儿般非常幼稚的心智中,受全能自恋感的驱使,要求别人必须和自己想象的一样,孩子更是。如果不一样,他们就会暴怒,暴怒之下,他们会虐待孩子,并在虐待时,因为暴怒能量宣泄出去了,会有一定的愉悦感。

当然,很多父母也会有罪恶感,心智越是成熟,这份罪恶感也就越重。但心理咨询师们也知道,不是所有人都发展出了内疚能力的,所以极少数父母甚至都不会有内疚,他们觉得自己的虐待天经地义。他们会因孩子不听自己的而失控,或者因为生活不如意而失控,并感到天崩地裂,这时要找宣泄对象,他们也会觉得自己很差劲,但唯独不是感到内疚和罪恶,他们不仅口头上不能说我错了,他们心中也不会这么觉得。这样的人,这样的父母很少,但并不是不存在。

这叫不叫爱?我觉得不算,否则什么都能称作是爱了。这主要是自恋,爱需要走出自恋。这个解释简单直接清晰,在《自体心理学的理论与实践》一书中,就是以自恋性暴怒的解释,而不是其他,来和严重虐待孩子的父母做工作的。作者认为,直接批评父母没有效果,而用自恋性暴怒来解释,会有效。

真相是永远的No.1(第一名),拥抱真相、直面真相,疗愈就会发生,一如我文章一开始引用的心理学家托马斯·摩尔的话——最好的治疗是拉近一个人与他的人生真相的距离。这也是精神分析的态度,不加评判地和来访者一起面对他的种种外在与内在真相。当然,我们要考虑来访者的心理发展水平,而不是只打开创伤,这一点我也赞同凯文。

满足心智不成熟的父母的全能自恋会有哪些说法:天下无不是的父母,父母怎么对孩子都是处于爱,父母生了你你就有还不完的恩情……这些说法都是为了保护父母脆弱的自恋,告诉他们,在孩子面前你绝对正确,而孩子必须顺着你。

对上述行为一直以来的鼓吹,导致很多父母在爆发自恋性暴怒时,还会有一种正确感。

如果父母不再那么理直气壮地要求孩子盲目听话,不听话就对孩子爆发自恋性暴怒,才会更好地帮到孩子,这是我的一贯观点。

无论如何,我们不能否认,即便父母与孩子之间,也存在着恨与自私,以及表达恨时的愉悦。

并且,如果你能不加评判地和恨待在一起,不妄想用头脑的努力去转化它,你会发现,恨也会自动转化成很好的东西。

所以,恨并不是一个必须被灭掉的绝对错误的东西。无论孩子对父母的恨，还是父母对孩子的恨，都需要承认和直面，以及学习如何与恨更好地相处。

甚至与父母和解也并不是一定要发生，乔布斯没有和父亲和解。网友"洛阳张宏涛"则说："不与父母和解的人，马斯洛就是典型啊，他不参加母亲的葬礼，但无损于他是人本心理学的开创人之一，无损他心理学大师的形象。他最推崇的完美人格的林肯，同样是拒绝见临终的父亲最后一面。当然，这是一种缺憾，但至少说明，没有什么事是非如此不可的。"

承认自己的不足和无知不会减少你的威严，能够与孩子平等对话、多多交流的父母，才是孩子暗中崇拜追逐的对象。

PART 2

越懂黑暗,
越相信光明

完美的人背后常藏有超常的痛苦

超常的痛苦催生超常能力

如果你身边有人自认在某一方面完美，那么不管他在这一方面做得多好，请你务必和他拉开距离，因为在这方面，他恰恰一定存在着严重的问题。

因为，完美的人有一个可怕的逻辑：我永远正确，错误一定是别人的。

这种逻辑并非源自自信，而是专门用来推卸责任的。你若离他们很近，你就最有可能成为他们推卸责任的对象，从而成为他们过错的替罪羊。

所以，当一个人给自己贴上完美的爸爸、完美的妈妈、完美的老师、完美的医生、完美的丈夫、完美的妻子、完美的领导等标签时，那么不管他（她）做得如何尽心尽力，你都可断言，他（她）必然在这一方面存在着严重的问题。

2006年国庆期间,我去上海学心理治疗,班上有来自全国各地的二百余名心理卫生工作者,一些人不约而同给这个班起了个绰号。你能想象是什么名称吗?

病人大会!

在这个班上,我们的眼睛变得异常敏锐,仿佛能看透每个人的问题,没有任何一个人可以幸免,包括我自己。从这个意义上讲,我们的确每个人都是病人。

自认有问题,在心理治疗中,这叫自知力,是做心理诊断时的最重要的标准之一。假如一个人坦然地向你承认,他有心理问题,那么你可以基本断定,这个人起码没有最严重的精神疾病。

相反,像精神分裂症、躁狂抑郁症、偏执型人格障碍等一些严重的精神疾病患者,他们的一个共同特征恰恰是,认为自己没有心理问题。历史上一些大奸大恶之徒,他们也曾用尽心机迫使世人相信,他们已经伟大到没有任何瑕疵。其实,这些大奸大恶之徒,恰恰是病得最严重的。

妄称完美,一方面企图把责任推给"不完美的人",另一方面也失去了直面问题、改善自身的机会。

相反,自认是病人,一方面意味着你还有自我反省的能力和意愿,你还能真正地承担属于你的责任;另一方面也意味着你知道自己还有需要自我改善的地方,还有继续前进的余地,从而继续向前进。

所以,真正健康的心态是,坦然承认自己的心理问题。

很多时候,不妨对自己说一句:"我是个病人。"

一粒沙,进入贝的身体,最后化为珍珠。痛苦对于我们,也可以有类似的含义。

一个3岁的小女孩，被幼儿园的老师训了一通，随即形成了小便失禁，一节课要去厕所好几次，多的时候达到十几次。家长急坏了，一边找心理医生给小女孩治疗，一边准备给她换幼儿园。

心理医生建议家长不要换幼儿园，她说，孩子遇到了挫折，这看上去像是一场灾难，但同时也是一个重要的学习机会；如果家长和孩子一起努力化解这一次挫折，就会给孩子的心灵中种下一粒勇气的种子。要让她坚信，遇到麻烦，她可以解决。

相反，换幼儿园是一种逃避。看上去，孩子仿佛远离了痛苦和灾难，但这会给她的心灵种下一粒软弱的种子，让她以为，一旦遇到麻烦，神通广大的父母可以帮她解决。

后来，家长听取了心理医生的意见，没有换幼儿园，也没有换班，而是在把小女孩的小便失禁治好后，又回到了那个老师的班上。不过，在回去的时候，还是这个老师，给她举行了一个"隆重"的欢迎仪式，全班的小朋友都站起来，鼓掌欢迎小女孩回来。

被老师训一顿，是一粒沙。无论家长再怎样神通广大，事情已发生，这粒沙都不可能消失。但是，通过积极地面对这件事情，这粒沙最终化成了珍珠，这个小女孩，也由此上了宝贵的一课，并学到了勇气和自信。

一粒沙变成一颗珍珠，一颗珍珠又相当于在心中种下一粒勇气和自信的种子，而随着年龄的增长，种子长成大树，最终给小女孩带来意想不到的收获。譬如，到了30岁时，她或许就可以轻松自如地化解领导的责难，可以承受许多更为艰巨的压力和挑战。

这个小女孩遭遇到的这类痛苦，被一些心理学家称为"恰恰好的挫折"。所谓"恰恰好的挫折"，既可以激发当事人的潜力，又没超出当事人的承受能力，这类挫折是可以帮助一个人既不成为温室中娇弱的花朵，也不至于被狂风暴雨摧残。

不过，每个人的命运中都注定会遭遇一些超出自己承受能力的挫折，这些挫折撕开了我们的心灵，而且一直都没有愈合，只要一碰就会令我们疼痛。这很不幸，但这种不幸，仍然令我们发展出了一些超出常人的机能。

譬如，那些特别善于察言观色的成年人，如果你深入看他们的人生，你会发现，他们多数都有一个糟糕的家庭。在这样的家庭里，他们如果想获得父母等亲人的物质和精神关怀，必须先讨好他们。他们没有品尝过"无条件的爱"的滋味，这很不幸，这不再是"恰恰好的挫折"，但是，他们也由此发展出了超乎常人的察言观色的能力。

我一个朋友在这方面堪称超人，他特别懂得眼高眉低，能用短短几句话让一个陌生人心花怒放，于是可以非常顺利地渡过很多难关。譬如，我们去一个餐馆吃饭，他能用几句不起眼的话取得服务员的欢心，并回报给我们五星级的服务，甚至不惜去和厨房的师傅谈判，让我们那一桌上的菜量明显多于其他桌。他从不缺女朋友，在学校里备受老师和同学喜爱，工作后也很受领导器重。

一开始，我钦佩他这种能力，但不久后，我对他有了很深的同情。原来，他的童年一直缺乏爱，父母都很能干，物质条件优越，但除非他耍一些花招，否则父母很少主动关注他。他就是在和父母不断进行斗争的过程中，练出了这种超人的察言观色的能力。

不懂他的人，会艳羡他。但如果深深地理解了他之后，你会明白，伴随着这种超乎寻常的察言观色能力的，是一直在流血的伤口。尽管可以轻松取得别人的信任和喜爱，但他内心深处其实一直对此没有信心。更关键的是，他的亲密关系一塌糊涂，他谈了多次恋爱，但不管他付出多大的心血，最终都没有好结果。他伤痕累累，他的女友们也伤痕累累。因为这一点，无论他在其他关系上取得多大成功，他在处理亲密关系上仍然可以说是失败的。

这是人性中最常见的一种矛盾。如果你认真审视，而不是停留在表面上去急着表达景仰或艳羡之情，那么你会发现，许多在某一方面具有超常能力的人，都恰恰是在这一方面受过严重伤害的人。

日本作家村上春树在其小说《挪威的森林》中也描绘了一个类似的角色。聪明而帅气的永泽，似乎赢得了所有人的宠爱，同学敬畏他，宿舍管理员在管理上也对他格外开恩，他和近百个女孩上过床，还有一个非常美好的女友初美。他把小说里的男主人公渡边当成仅有的好友，但渡边第一时间感受到，他"背负着一个可怕的地狱"，而且绝对不可信任。

现实生活中，不乏永泽这样的男人和女人，他们华丽的外表和令人眼花缭乱的能力之下，其实隐藏着的是一颗备受伤害的心。

但反过来看，他们在与伤害他们的力量作斗争的过程中并没有一败涂地，相反倒是发展了强大的生存能力。假如有一天，这样的人超越了自己的宿命，真正明白了自己人生的局限性，那么他的心灵就有望成长为一个巨大的珍珠贝，最终将那些侵入他心灵的岩石化为巨大的珍珠。

我那个朋友也罢，永泽也罢，他们发展出超常的人际能力，其初衷都是为了保护自己，以让自己在病态的家庭中可以生存。

疾病的初衷是保护自己

其实，很多心理疾病的诞生，一开始也恰恰是为了保护我们。

前面提到的那个小女孩，老师训她其实只是个诱因。原来，一直照顾她的奶奶因有事即将回老家，这让小女孩产生了很强的分离焦虑。对于3岁的孩子，分离焦虑是最可怕的事情之一，只是，奶奶离开她有充足的理由，她不能很直接地表达她的焦虑。但是，一旦小便失禁，奶奶就只好留下来陪她。这样一来，她就用生病的方式把奶奶留在了身边，而分离焦虑也由此得到缓解。

《挪威的森林》中还有一个叫玲子的女士，她曾是弹钢琴的天才，从小一路过关斩将，在无数比赛中拿到了大奖。但在参加一次大赛前，她的小手指忽然间不能动弹了，大奖也由此泡汤。后来检查，她的小手指不能动，没有任何生理原因，纯粹是心理因素，是癔症的一种。治疗这种癔症并不难，只需要进行心理暗示就可以了，譬如催眠。

但是，光做诊断和治疗，就会忽视最重要的东西：疾病发出的信号。

小手指不能动，其实是潜意识在捣鬼，是她的潜意识在告诉这个钢琴手，不要再这样弹下去了，只是为了参加大赛，只是为了满足父母的期望。甚至也可以说，潜意识在告诉她，不能再只为别人而弹，不能再只为别人而活了，你长大了，你应该为自己而活。否则，就算以后当真取得巨大的成功，成为享誉世界的钢琴家，她仍然是一个没有自己的人。而且，那时她最重要的目标已经实现，再没有其他的目标可以追求，这就会令她产生巨大的空虚感，轻则令她陷入抑郁症，重则让她产生自杀的冲动。

那个小女孩的小便失禁，也有同样的含义。事情发生后，她的父母和爷爷奶奶给她做了很多次检查，都查不出有什么生理问题，也是纯粹的心理因素导致的小便失禁，也有非常明确的心理含义。

原来，小女孩的奶奶特别爱干净，每次小女孩大小便后，疼爱她的奶奶都会给她洗一次澡，并且脱衣服穿衣服都是奶奶做，小女孩不需要做任何事情。如果不洗，奶奶会很焦虑，小女孩也会很焦虑。这当然是不健康的育儿方式，等上了幼儿园后，小女孩就遇到了最基本的问题：她不会自己脱裤子，所以得完全靠老师才能大小便。老师最终因失去耐心而训斥她，也是必然的事情。

并且，这时小便失禁还有最基本的含义，就是小女孩在告诉奶奶，如果你想离开我，你得先让我长大，你得先改变对待我大小便的方式。

这是后来心理治疗中一个重要的内容，心理医生建议逐渐减少小女孩便后洗澡的次数，最终达到一天一次，并且让小女孩自己学习脱衣服。

最终，小女孩学会了自己脱、穿裤子，也不再有每次便后洗澡的洁癖。等她做到这两点后，她对幼儿园的适应能力大大提升，而对奶奶的依赖也大大减少，奶奶也终于可以回老家做她该做的事了。

其实，大多数心理问题都是在童年初步形成的，并且在形成之时，都有类似的心理含义：告诉他（她）的抚养者，放弃不健康的抚养方式。

从这一点上看，我们的确应该感谢自己的心理疾病，感谢它们最初对自己的保护作用。可以说，如果没有心理疾病的保护，许多孩子可能早就夭折了。

譬如，一个 8 岁的孩子之所以很孤僻，是因为他没有学会拒绝别人，任何人向他寻求帮助或指使他做事情时，他都说不出"不"这个字来。这个时候，孤僻就是对他的保护，防止太多的人指使他或向他索取，最终将他掏空。

正是从这个意义上讲，我们最好不要把"消灭心理疾病"当成目标。因为，心理病灶已经吸纳了我们大量的心理能量，我们围绕着自己的心理疾病发展出了自己的优点和缺点，如果只是简单地将心理疾病"消灭"，那么我们相应的优点和缺点会一并消失。最终，当我们成为一个没有一点心理问题的人的时候，也就成了一个没有任何特点的行尸走肉。

心理学出身的医生，绝大多数都旗帜鲜明地反对用脑部手术去治疗心理疾病。北京大学心理学博士钟杰说，这种手术的意义就是，把一个病人变成情感白痴，他的确有可能成为一个无害的人，但他也由此成为一个麻木、冷漠而没有生命力的人。

车人合一感：攻击性驾驶的心理分析

2006年3月16日，在广州市下塘西高架桥路段，一辆满载泥沙的"泥头车"与一辆公交车及一辆小车相撞，造成6人当场死亡。此后5天内，广州市又连续发生两宗一次死亡3人以上的特大道路交通事故，又导致6人死亡。

这几起惨烈的车祸引发了全广州对"车德"的大讨论。导致车祸的原因无外乎两种：司机的主观因素和司机以外的客观因素。客观因素探讨得足够多了，本文将专门探讨一下主观因素。

有一次，我和几名玩摄影的朋友去石门森林公园。我们是自驾游，车是一辆菲亚特牌轿车。进入石门森林公园后，车悠然地在山路上盘旋，空气清新，阳光灿烂，是个拍照片的好日子，我们一路上心情很好，不断开一些轻松的玩笑。

忽然间，开车的朋友爆了句粗口："他×的，我要干掉他！"

我们很愕然，问朋友发生了什么事，他指着前面那辆较豪华的小轿车说:"这种地方,他也超车,不想活了。"我认真看了一眼,印象中那辆车的确是一直跟在我们后边的。

朋友学过跆拳道,身手不错,他说如果放在过去,他一定会追上去,把那家伙打个半死。

这个插曲让我们觉得很意外,因为这位朋友的脾气向来是非常好的;至于粗口,我印象中还是认识他以来的第一次,而"死亡威胁"更是不敢想象。

坐在驾驶席上,一个温和、礼貌的人摇身一变,成为马路"怪兽",这种现象在全世界每时每刻都在发生,只怕每个都市人都见识过。这种坏脾气,被美国学者称为"road rage",即"马路愤怒"。但如果从坏脾气演变成真实的暴力行为,就是"aggressive driving",即"攻击性驾驶"。

美国国家公路交通安全管理局对攻击性驾驶的定义是:一种危害或倾向危害人身财产安全的驾车方式,其具体表现为超速驾驶、追尾、从右侧超车、闯红灯、大声鸣笛、使用污辱性手势、辱骂他人,暴力行为是其终极表现。攻击性驾驶有三个特点:

1. 在驾驶过程中被急躁、烦恼或愤怒的情绪所激发。

2. 为实现自己的目的——如节省时间,而不顾及其他道路使用者的利益。

3. 让其他道路使用者感到有危险而采取回避行为,或让其他道路使用者产生愤怒。

至于产生攻击性驾驶的心理原因,也可谓五花八门。

一切都是别人的错

美国的詹姆斯博士认为,"一切都是别人的错",这种从别人身上寻找原因的自动思维是导致"马路愤怒"的头号原因。

作为攻击性驾驶的研究专家,詹姆斯早在二十多年前就开始研究这个话题了。不过,有趣的是,他一开始是典型的归罪别人的开车人。

他刚开车的那段时间,詹姆斯太太总是抱怨他开车时脾气太大,像是变了一个人。但詹姆斯认为自己没有什么变化,他对太太的抱怨也总是很不满。后来,他把自己开车时的言行记录下来,才发现自己的确在开车时变成了另外一个人,一个非常有攻击性的人。这种心理差距让詹姆斯产生了研究攻击性驾驶的兴趣,他调查了无数司机,发现几乎每个人都持有同样的态度,认为自己是好司机,自己根本没问题,一切都是其他人的错。并且,这种思维是在第一时间产生的自动思维,就好像是,开车时一个人的自我反省能力丢失了。

詹姆斯认为,这种外在归因是导致不友善行为的直接原因。既然根本不是自己的错,那么咒骂、没有耐心、暴力幻想,甚至暴力行为都是理所应当的了。

美国心理学教授德芬巴彻博士也是研究攻击性驾驶的专家,他发现,绝大多数人一坐上驾驶席,对委屈的忍受能力便立即大幅度下降。尽管这些人可以忍受在家里被太太臭骂,在公司被上司呵斥,但却无法忍受开车时遇到的"委屈",一产生什么不满,便会有立即报复的强烈冲动。

德芬巴彻还认为,攻击性驾驶之所以很常见,一个关键原因是开车人有一种不正确的期望,他们下意识地认为可以完全按照自己设定的方式和时间从甲地开到乙地,没有任何意外事项应该阻挡他们。这种期望无疑是开车人自己给自己设定的压力，让他超速、抢红灯、任意变换车道、乱超车……而其目的，可能只是为了给自己节省两分钟时间。

那些跑固定路线的司机，这种心态更为要命。譬如，跑长途的司机和公交车司机，他们对自己的行车路线非常熟悉，就算没有公司的强行规定，他也会给自己设定抵达每个站的预期时间。并且，他还很容易出现竞争心态，"今天一定要比昨天快一点"。这就像是一个少不更事的少年在打电子游戏时，非得要创一项个人纪录，为了只比以前的纪录多一分，他会日复一日地坐在电脑前，付出巨大的努力和牺牲。

尽管司机确实存在一些现实压力，譬如，交通拥挤、公交车的硬性规定、车辆本身的问题等，但德芬巴彻博士和詹姆斯等人都认为，"马路愤怒"产生的重要原因是他人的粗鲁行为和冒险驾驶所致，而单纯的交通拥挤并不是主要因素。德芬巴彻发现，开车人在相互表达愤怒时的行为非常丰富，一个平时不怎么运用肢体语言的人也会在开车时自如地用言语、肢体和车辆向其他人表达愤怒和侮辱。

愤怒，因为世界没有按我的设想运转

那么，汽车是什么呢？你的爱车对你而言，意味着什么？

一家网站给出的回答是，对女人，是"如意郎君"；对男人，是"梦中情人"。这家网站以极具诱惑力的文字描绘说："男人，向左走；女人，向右走。男人，挑选出自己的梦中情人；女人，选择你所想嫁的如意郎君。"

一个车迷则干脆断言说："平心而论，汽车这个新生事物对于大多数

第一次拥有它的人来说，的确是一个既代表身份又代表品位的东西，就像懵懂时期第一次看到一位让自己怦然心动的异性——一种初恋的感觉，必须心跳、必须完美。"

初恋令人迷醉，但美国女心理学家帕萃斯·埃文斯在她的《不要用爱控制我》一书中说，这种迷醉是发自自恋的，每个人初恋时都是将自己头脑中早就勾画了不知多少年、不知多少遍的"梦中情人"形象硬生生地套在恋人的头上。尽管我们无比迷醉，而且似乎异乎寻常地在乎恋人，但实际上，我们并不在乎恋人的真实存在，我们只是沉迷于自己头脑中的那个梦中情人。

所以，初恋几乎注定会失败。这种打击会帮助一个人走出自恋，让他真正懂得，尽管恋人很像我们的梦中情人，她也是另外一个独立的人，一个不受我们所左右的人，一个经常会挑战我们的自恋幻觉的人。

但如果这个恋人是一辆车，那会怎样？它会彻底听命于你，让你控制，让你指挥。如果你的车技足够好，它会带给你不亚于性爱的快乐。更关键的是，这个梦中情人从不违抗你的意志。它会让你自如地指挥，并且会带你走向你一个人所不能完成的任务——譬如时速 200 公里，譬如一天狂飙 1000 公里，譬如……总之，它会令你迷醉于车人合一的完美感觉。

所以说，一辆车，是一个完美的梦中情人。

但是，这种完美合一感经常会受到挑战。譬如堵车，譬如另外一辆车、一个人或者其他什么挡住了你。

这种挑战破坏了我们的车人合一感，刹那间，我们会像一个小孩子一样感到愤怒。"我当然没有问题，我的梦中情人当然没有问题，全是别人搞的鬼！"这种愤怒，以及这种愤怒后的外部归因，是令一个开车人产生攻击倾向的潜意识心理动因——

真恼火，世界没有按我的设想运转。

美国汽车协会的一份研究发现，攻击者经常被一些非常小的、自然产生的或者是非常中立的行为所激怒，例如，受害司机没有按照攻击者所设想的速度减速；受害司机在攻击者认为不应该拐弯的地方拐了弯；受害司机把车子停在了攻击者认为不应该停放的地方，等等。

埃文斯认为，受害者这样做，等于是提醒了攻击者，他只不过是个开车的，世界并没有按照他设想的节奏运转，从而破坏了攻击者车人合一的幻觉。

她认为，其实每个人都在追求自己的虚幻世界。在这个世界里，一切都按照我们的设想运行，自己的意志不会受到挑战，一切完美无缺。我们之所以执着梦中情人的形象，正是因为这种期望。实际上，梦中情人只不过是自恋的我们的幻想，因为这种幻想，我们在初恋时很难学会接受情人的真实面目，而是拼命将自己的幻想强加给情人。但是，事实会教训我们，我们的初恋绝大多数会失败，我们的梦中情人形象最终不免会破灭，我们最终学会把以后的情人当成一个真实的人来看待，按照他们的本来面目接受他们。

但是，攻击者创造了一个假想人所居住的虚幻世界，这些假想的人，按照他们事先规定好的驾驶方式行驶。当这些完美的假想人消失的时候，当攻击者受到现实抵制的时候，他们就被激怒了。但是，像汽车这种强大的成人玩具给了一个维护我们幻想世界的机会。汽车如此强大，而且又完全听命于你，这样我们就会产生幻觉，觉得世界真的是以自己为中心，世界真的是按照自己的设想来运转的。

不幸的是，即便这个幻想也会受到挑战。任何一个小小的意外，都会打破我们的这个幻觉,而那个意外的制造者,理所当然会被我们愤恨。并且,既然世界是以自己为中心,那当然我们自己没有责任了,一切都是别人的错误。所以,因为这种心理,一个平时就算再喜欢反省的人,也会在开车时变得喜欢从别人身上找责任,因为车是如此好控制,我们还是应该警醒自己别陷进去。

暴怒，多是因为全能自恋

暴烈脾气，大都因为自恋

2016 年 4 月 27 日，一个视频火了。

当日上午 10 点左右，浙江省某市的一个检查点，交警拦下了一辆浙 E 牌照的轿车，经查询，发现该车有 27 条违法记录未处理，要做扣车处理。

没料想，轿车司机，一位 1996 年出生的小哥，一下车，开口就说他来自银河系，如果敢处理他，他就会灭掉地球。交警和他的对话过程被录成视频，转到微博和微信上，立即引爆网络。

部分对话如下：

小哥：我银河系是三分白七分黑的，我告诉你！
交警：什么叫三分白七分黑啊？

小哥：谁会制造生物，制造生物就要灭掉，就是要剿灭掉的，你知道吗？

交警：地球只是银河系最小的星球，你知道哇？

小哥：我不知道。

交警：我跟你讲，你这个车子有27条违章了，按照法律规定是要扣车的，这样明白吗？

小哥：你扣了我的车我很愤怒的。

交警：那怎么办？

小哥：我这个人很任性的。

交警：这样，我跟你说，车子是谁的，你叫你父母，叫你妈过来一下，这个东西也要处理掉。

小哥：你要是照顾我一下，我就不搞大了。

交警：那不行，我们是讲法律的。

小哥：跟我讲法律？那我也跟你讲法律，我也有我的法律。

交警：你讲。

小哥：你要讲你的法律，我也要讲我的法律，我皇家的法律，那就是……你知道吗？你要是激怒我，我是要灭掉地球的。我皇家在整个银河系在整个宇宙是最大的，我来这边就是为了一个……我从小没有受过任何委屈，因为我要登上一个帝位，我要坐伟大的帝位。

交警：那你为什么要开汽车啊，你开飞机好了呀。

小哥：我不开飞机，我开U……FUV的，UFO的！

看文字，说得挺可怕的，但小哥本人，有点帅气，身材瘦小，并且口气并不激烈，所以看上去一点都不可怕，反而因此有了点可爱。所以，交警虽然很坚决地扣了他的车，但也是笑嘻嘻地对待他。而网友也觉得他很萌，有网友说："这种异次元的风格很好啊，他又没有妨碍谁。"

但这个小哥内心的逻辑，一点都不萌，他应该是比较胆小的人，如果他是能将内心的狂暴表达出来，那么直接面对他的交警会感觉到巨大压力，就不会这么笑嘻嘻了。

他的这套逻辑，就是典型的自恋性暴怒：我是神，世界必须按照我的意愿运转；世界没有按照我的意愿运转，就是对"我是神"的自恋的攻击，然后我变成魔，想摧毁点什么，或者你，或者我自己，甚至这个世界。

翻译成这个小哥的语言，就是：我是银河系皇太子，我的法律就是，我可以为所欲为，地球人敢和我作对，我就要把地球从宇宙中抹去！

其他的新闻中你也可以闻到这股味儿——一点冲突就要天翻地覆，这都有自恋性暴怒在里头；当事人其实都秉持着这位小哥的逻辑：我皇家的法律，那就是……你要是激怒我，我是要灭掉地球的。

例如，2015年5月3日，成都发生一件"路怒"事件，一位男司机，失去控制地暴打一位女司机，这一幕被拍下来，男司机因为欺负女人，一时被全国人民声讨。但很快，舆论被逆转，因为男司机的行车记录仪显示，女司机多次突然变道，并且，除了第一次只是无视别人存在，之后的两次，都是恶意别车。如果男司机注意力不集中，那么在躲闪时，一次会撞到一个骑自行车的，一次就会撞到一位行人，她明显是故意选这个时机来别车的。

这位男司机也有责任，第一次女司机突然变道时，他被吓了一下，然后他处于愤怒状态，追上去别了女司机一次。他们在相互报复，但女司机错在先，而且后来两次的别车，实在是太恶毒。

路怒症每天都在发生，太多的路怒症都是自恋性暴怒在发挥作用。很多恶性新闻，也是自恋性暴怒所致。

2013年7月，北京大兴发生一件可怕的事情，男子韩某在停车时，和推着婴儿车的孙女士发生口角，韩某竟然抓起婴儿车内的孩子，活活摔死在地。

写这篇文章的时候，我在新浪微博上看到一个视频，一个男子不知为何将车停在红绿灯前，而且占了两个车道。不仅如此，他还冲下车来，挨个辱骂后面的车主，并猛踹这些车。

这都是自恋性暴怒：我是神，你不听我的，我让你去死。

自恋性暴怒如果只是表达情绪还好，一旦变成行动，就会有极大破坏力。但相应的，它也很容易激起对方的暴怒，从而让事情一发不可收。

并且，一般性的本我，有一般性的超我管着，而全能自恋性的本我，就会有绝对禁止性的超我管着。婴儿处于全能自恋中问题不大，因为没什么破坏力，而成年人如果常被全能自恋和自恋性暴怒支配，那么，他们很容易被关到监狱里。监狱系统背后的权力体系，就是人类制造的绝对禁止性超我。

譬如，那个占了两个车道冲下来闹事的男人，最后被围攻，而韩某，则被判死刑。

几乎在所有的恶性事件中，你都能闻到自恋性暴怒的味儿。但绝不仅仅是这些恶性事件中才有自恋性暴怒，实际上，任何容易暴怒的人，都必然是自恋性暴怒在控制着它。

当你想摧毁什么时，这一刻内在兽性也就控制了你。

任何不如意，都有主观恶意动机在

自恋性暴怒者的逻辑如下：
1. 任何不如意，都是在挑战我的自恋。
2. 任何不如意，不管是主观还是客观的，都有主观恶意动机在。
3. 有主观恶意动机者，必须向我道歉。
4. 否则，我就灭了你，或者灭了我自己。

其中的恶意动机是关键，有时候，它是真实的；有时候，则仅仅是我们的自恋被挑战后的想象。例如，在成都路怒症事件中，都是真实的。女司机别男司机的车，的确是有恶意动机在。

很多夫妻吵架，一吵就吵个天翻地覆，最后都必须是以一方向另一方道歉结束，也是这个逻辑在发挥作用。

当有人参与的时候，你容易认为，其中有主观恶意动机，有敌对力量亡我之心不死，但当事情基本上只有客观因素在发挥作用时，这个逻辑就显得很荒诞。

对于容易暴怒的人最关键的是，他需要看到，并没有谁在恶意对待他，他的暴怒，来自神一般的自恋受到挑战，他内心的黑暗，是由此而来的。

例如一位来访者，因为我临时取消一次咨询而愤怒。下一次咨询中，我们在仔细探讨她的愤怒。她说，咨询对她很重要，她能感觉到，她心中的一股能量随着咨询的进展而升起，但咨询突然被取消，她感觉这股能量被打断了,特别是她对控制不了我很绝望,她感觉到,我根本不在乎她。

我取消这次咨询,是有客观原因的,我将客观原因告知她。但这并不能真正打消她的感觉,她头脑知道,我在乎她,但她在感觉上,还是觉得我根本不在乎她。

后来我发现,其实问题的关键是——这次取消是突然的。她已经对这一次咨询有了期待,而突然取消,她的期待落空了,这种落空,让她很愤怒。

当你容易暴怒时,就必须问问自己:"我是不是太自恋了?"

这份愤怒,就是自恋性的愤怒了。"我"发出了一个期待,这个期待就必须得实现,如果没有实现,"世界必须按照我的意愿来运转"这种自恋感,就被破坏了。然后,愤怒由此而生。

暴怒者自己本身就是最大的问题,他们期待别人和世界必须配合他们的意愿,保证他们意愿的实现,否则意愿的能量,就变成了暴怒。能看到这一点时,他们对自己的暴怒,会多了很好的觉知,以后就可以相对好一些地管理这份暴怒了。

"我行，你也行"是唯一健康的人际模式

我现在越来越喜欢这句话：跟着感觉走，成为你自己。

这句话，是关于"我与自己"的关系的。在这一点上，我们必须回到自己的感觉和体验上，而不是围绕着别人转，那样会丧失自我，永远不能成为自己，也无法获得内心的自由。归到一个常用的词，就是要自爱，要无条件地爱自己。

但在处理"我与别人"的亲密关系时，我们应像无条件地爱自己一样，也去无条件地爱别人。

在处理"我与自己"的关系时，如果我们不以自己为圆心，我们就不能"成为自己"；在处理"我与别人"的亲密关系时，如果我们不能爱别人，我们就不可能建立真正亲密的关系。

这种自爱又爱别人的关系模式是"我行，你也行"，是唯一健康的人际模式。

按照犹太哲学家马丁·布伯的说法，就是：

我们必须自己去寻找人生的答案，但我们首先要将自己当成一个人，也要将别人当成一个人。

"我憧憬这样的婚姻生活：两个人有自己的空间，每人有一个独处的屋子，当我进入这个屋子后，我会把门关上，重重地关上，任何人都不能进来，他也一样。"

24 岁的 Jane 对向日葵心理咨询中心的咨询师胡慎之说："没有男人会接受这种婚姻生活，所以我找不到可以结婚的男人。"

"没有人能让我爱上，我也绝对不会去爱别人"

Jane 是东莞的一名中学音乐老师，家族中有西方血统，她也长得像《史密斯行动》中的女演员安吉丽娜一样迷人。但是，她拒绝爱情，坚决不爱男人，也不接受男人的爱。她只接受性。

她有一个长期的情人，同时还有多名不固定的性伴侣。她对胡医生说，自 2003 年春天以来，她已经和多名男性网友上过床。

她的情人——她从不称他为"男朋友"，因为男朋友意味着承诺，而情人意味着暧昧。她的情人知道她跟很多网友上床的事情，但从不过问，更不在乎。因为，他的感情生活比她更加糜烂，他自己说，他的性伴侣比她的更多。

Jane 和情人达成了一个协议：需要的时候，可以随时去找对方，但彼此不能干涉对方的事情。

不仅如此，Jane 不知道情人的名字，不知道他的工作情况，不知道他的婚史……她只知道他的 ID——即网名。反过来，情人也差不多如此，他也只大概知道 Jane 是教音乐的，但不知道她在哪里教书，也不知道她的其他具体事情。

这是现在的网络世界里一种并非罕见的"虚拟关系"，Jane 和情人因此获得了感情和性上的自由。但这仿佛是地狱一样的自由，滋味并不好受，Jane 极度空虚，经常被一种说不出的难过所压倒，失眠成为一种常态，倒头就睡反而成为一种奢侈。所以，她找到了心理医生。

但是，来到心理咨询室之后，Jane 并不知道，自己到底想改变什么，想从咨询师这里得到什么。她袒露了自己的空虚、难过、失眠等，但拒绝谈她的一切详细情况。并且，与其他来访者不同，她似乎也没有兴趣了解胡医生的详细情况。

就好像是，她和胡医生仍然活在网络的虚拟世界里，她没有兴趣了解现实。

"没有人能让我爱上，我也绝对不会去爱别人。"这是 Jane 最常说的一句话。

现实生活中，Jane 的追求者很多，也有网友会爱她爱得死去活来。但每当到了这种时候，她就会换掉原来的电话，切断一切联系。如果必要的话，她还会换租住处。

为什么这么冷酷无情？Jane 的回答是："他们喜不喜欢我、爱不爱我，是他们自己的事，关我什么事。"

对于婚姻，Jane 并非完全抗拒，她说，她很想"拥有一个家，拥有自己的房子……有钱就能买到房子，但我没钱，所以结婚倒不失为一个办法"。

不过，她对婚姻生活的构想是："两个人有自己的空间，每人有一个独处的屋子。"

美国心理学家托马斯·哈里斯认为，人际模式可以分为四种：我行，你不行；我不行，你行；我不行，你也不行；我行，你也行。前三种都是不健康的人际模式，"行"的一方相当于父母，"不行"的一方相当于孩童。

"我行，你不行"的关系中，"我"将自己视为强大如父母一样的成人，将他人视为孩子。这种关系中，"成人"对"孩子"不是无条件的爱，而是操纵与控制，要么以有条件的爱去控制，要么对"孩子"丝毫不关心而变得无比冷漠。

冷艳的 Jane 对一切追求者冷酷无情，其中的表面逻辑正是"我行，你不行"。

恋爱中，双方都会自然而然地变回孩子，彼此将对方视为父母。如果两人都是"好父母"，彼此给予无条件的爱与关注，那么"孩子"就会在这次恋爱中长大，最终得以从人格上告别原来的家庭，成为真正的成年人。

但是，Jane 拒绝被爱，拒绝成为孩子，她也拒绝爱，拒绝给予对方无条件的积极关注。这种冰冷的关系会折磨一切爱上她的男人，他们会产生强烈的无能为力感，感到受伤，就像孩子张开双臂渴求妈妈的爱，却被妈妈冷酷地遗弃。

但是，这种强大而冰冷的成人形象背后，必然会隐藏着一颗伤痕累累的心，那也是一颗受过伤的孩子的心。

爱情一开始都是在重复童年的模式

慢慢地，Jane 开始谈一些生活的琐事。她告诉胡医生，她是"从浙江逃到广州的"，她的父母是当地的艺术界名流，爸爸是一名艺术史学者，妈妈是一名文化商人，家境富有。因为工作繁忙，Jane 小时候是和爷爷奶奶一起长大的，直到上初一才被接回家中。

Jane 恨父母，因为他们"自私自利，我需要他们的时候，他们不在我身边，他们只为自己考虑，从不考虑我的感受"。他们只关心她的学业，期望她成为一名一流的音乐家，只有当她有进步的时候，他们才笑逐颜开；她的表现不让他们满意时，他们就会挑剔她指责她。"压力太大了，所以我要逃离这个家。"Jane 说。

20 岁"逃到"广州后，Jane 认识了一个男朋友，22 岁的时候，他们分手，而 Jane 也引产了一个 6 个月大的胎儿。Jane 拒绝对胡医生讲述这次感情的细节，只是说"两年前，我已经死去了"。

显然，这次感情创伤给 Jane 留下了很深的伤痛，她不想再次重复这种伤害，所以才拒绝再爱。

在咨询室，Jane 经常说："我不能再产生感情，因为一爱就会陷进去，陷进去就会奋不顾身，就会完全为对方着想，就会为他放弃一切。但最后什么都得不到，只剩下满身的伤痕。"

别人爱上 Jane，会变成一个孩子，Jane 爱上别人，也会变成一个孩子。

但是，每个人变成孩子的时候，都不一样。那些在健康家庭长大的孩子，他们会变回一个健康的孩子；那些在不健康家庭长大的孩子，他们会变回一个不健康的孩子。我们很少明白这一点，我们以为自己是活在现在的关系中，其实爱情一开始都是在重复童年的模式。

Jane 的童年模式是"你行，我不行"。她的父母都是艺术界名人，所以"你行"；她不能超越父母，也无法实现父母对她的期望，所以"我不行"。

更重要的是，如果一个孩子很小的时候就被父母"遗弃"，那么，这个孩子一开始不会恨父母，而是会自责，他会认为"一定是我自己不好，所以父母才不要我"。这是最深的"我不行"心理的根源。

Jane 正是如此，她从小和爷爷奶奶一起长大，直到初一才被父母接回家。现在，她是恨父母，恨他们自私，不爱她。但她幼小的时候，她是没有力量去恨的，她只能自责，只能形成"我不行"的心理。

父母不要我，一定是我不好

阿亮是一所名牌大学的博士，谈了多次恋爱，但每一次不是他后退，就是对方落荒而逃。最后，他自己找到了症结：只要爱到深处，他必然会下意识里认为"我不行"，由此变得非常敏感。譬如，打电话的时候，如果谈到中途恋人说"我有事，先挂了"，他一定会敏感地认为，一定是自己不好，他会一遍遍地回忆刚才电话中的谈话内容，分析自己究竟说错了什么。有心理学知识背景的阿亮说，这就仿佛是，"父母不要我了，一定是我不好"。和 Jane 一样，阿亮小时候也是在爷爷奶奶家长大的。

Jane 说，"一爱就会陷进去，一陷进去就会奋不顾身，就会完全为对方着想，就会为他放弃一切"，这听起来似乎很伟大，但实际上，她不过是在重复她在童年形成的"你行，我不行"的人际模式。她童年时一样会"完全为对方着想",目的就是得到父母爱的回报。

胡慎之说,可以料想,当她上初一刚回到家的时候,她一定也"完全为父母着想过",但她很快就失望了,她发现父母并没有回报给她爱,只是回报了压力;他们的爱是有条件的,那就是"你只有在音乐家之路上有进步我们才爱你"。

父母这样做的逻辑是,Jane已经长大了,他们要像对待大孩子一样对待她,但殊不知,这个大孩子"被遗弃"的情结还没有解决呢,她的心中其实是一个被父母遗弃的幼儿。

对男朋友,她应该是重复了这个模式。她"完全为对方着想",其实也是想赢得男友的爱。所以,尽管只有22岁,她都愿意为他生一个孩子,仿佛这是她赢得他的爱的一个条件。如果这次恋爱成功,她的"你行,我不行"的心理模式或许会被治疗好,但不幸的是,她怎么"完全为对方着想",都没有赢得爱。

对父母,Jane一开始是自责,"你行,我不行"。但后来,她恨他们,"我行,你不行"。在感情上,她又重复了这个模式。对男友,她是"你行,我不行"。现在,对情人、性伴侣和所有追求者,她是"我行,你不行"。

可以料想,Jane认为,她在这次恋爱与失恋中的情感都是此时此地的,都是因为这个男朋友的。但实际上,她的情感基础在童年,在与父母的关系模式上,这次恋爱不过是重复过去罢了。

到现在,Jane已经在广州待了4年,但经过最近两年的混乱生活后,原来结交的朋友都疏远了她,生活中的人际圈子只剩下了网络。男性关系只有情人和性伴侣,女性朋友清一色是和她一样的"色女郎"。

只有一个例外,就是她在大学里的同学小薇。

小薇和 Jane 同龄，当时刚和大自己 10 岁的孟辉结婚。两人很恩爱，也非常恋家。不过，孟辉非常讨厌 Jane，他极力反对妻子和 Jane 交往，一接到 Jane 打给妻子的电话，他会愤怒地把电话摔到地上。

不过，文弱、漂亮又女人味十足的小薇骨子里却颇有主见，她不顾丈夫的反对，坚持做 Jane 的好朋友。她还常做孟辉的工作，说 Jane 并不是像他想象的那么坏。

小薇的真情令 Jane 感动，她对小薇也百般照顾，甚至好过对自己。当小薇工作有了进展，生活中有了好事情时，她比小薇还兴奋还快乐。Jane 对与小薇的友谊非常珍惜，她对胡慎之说，有时她觉得小薇是她生命中唯一的美好，好像"自己的世界是极黑极黑的夜，而小薇就是黑暗中的一点烛光，虽然有点微弱，但却照亮着、温暖着我的心"。

然而，Jane 最近几次做了一个同样的梦，令她感到惶恐。她梦见，自己先嫁给孟辉，还举行了一个辉煌的婚礼，接着，孟辉又举办了一个更辉煌的婚礼娶了小薇。后来，三人同坐一辆车出行，孟辉将 Jane 从车上踢了出去。了解一点弗洛伊德的 Jane 说，她知道梦是愿望的实现，这个梦表明她对孟辉有不轨之心，这让她感到非常内疚，觉得对不起小薇。

无条件地爱自己，也无条件地爱别人

哈里斯说，真正健康的关系模式是"我行，你也行"。我们无条件地爱自己，也无条件地爱别人。无条件地爱自己，可以让我们远离"我不行"的惶恐，让我们可以理解并接受自己，在做个人决定时以自己为圆

心，而不是以别人为圆心。无条件地爱别人，可以让我们理解并接受别人，在关系中不陷入自私自利的自我中心主义，让我们真正地和别人和谐相处。

无条件的爱既是可以照亮我们自己的灯塔，也是可以照亮别人的烛光。

小薇对 Jane，正是无条件的爱。其他人都弃 Jane 而去，这只会更加加重 Jane 对爱的绝望。她恨父母，因为父母的爱是有条件的，那就是她必须成为一个好的音乐人；她也恨其他人，因为他们的爱也是有条件的，那就是她必须做一个好人。

因为恨父母，她变得叛逆；因为这种叛逆，当别人都弃她而去的时候，Jane 会在自己那条黑暗的路上越走越坚定，哪怕那是地狱一般的黑。

小薇的爱是 Jane 心中的烛光。但如果小薇不是 Jane 的好朋友，而是 Jane 的恋人或父母，那么这点烛光就会变成灯塔，甚至会变成太阳，驱走她的黑夜，把她带向白天。

小薇无条件地爱她，她也无条件地爱小薇。她不自爱，所以会爱小薇更胜于爱自己。

犹太哲学家马丁·布伯将关系分成了两种："我与它"和"我与你"。

在"我与它"的关系中，为了更好地生存和满足需要，"我"将自己当作唯一的主体，而其他人都是客体，都是"我"可以利用的对象，都是实现自己目标的工具。这些目标可以很低俗，譬如饮食男女这些生理需要，但也可以看上去很高尚，譬如爱。

其实，有些父母爱孩子爱到令孩子没有一点个人空间，有些恋人则以爱的名义伤害对方。他们都会说"爱"，但他们的关系实际上是"我与它"的关系，对方只是他们实现自己目标的工具。

在"我与你"的关系中,"我"将自己当成主体,也将别人当成和自己一样的主体。"我"无条件地自爱、爱别人。只有这样,我们才能真正做到理解并接受自己和他人。

"我行,你不行""我不行,你行""我不行,你也不行"这些人际模式都是"我与它",只有"我行,你也行"的人际模式才是"我与你",才是互爱之路。

"梦的确是愿望的实现,但经常不是直接愿望的实现,而是象征愿望的实现。你不是想从小薇那里夺走孟辉,你只是渴望拥有那样的生活。"

"并且,梦不等于现实。我们需要对现实负责任,我们也能控制现实。但我们不能控制梦,也不需要对梦负责任。"胡医生的一番解释令 Jane 感到释然。

接下来,胡医生对这个梦做了更深层次的分析:

1. 孟辉象征着道德的生活方式,嫁给孟辉意味着 Jane 有过正常生活的愿望。但是,孟辉遗弃了她,这意味着 Jane 觉得自己被正常的生活方式给遗弃了。

2. 孟辉和小薇是她理想中的父母,按照弗洛伊德的理论,孩子们在小时候都有和同性父母争夺异性父母的冲动,所以 Jane 梦见自己先嫁给了孟辉,这是假的。小薇嫁给孟辉,就像妈妈嫁给爸爸,这是真的。他们三人在同一辆车里,就像是 Jane 和父母在一个家里。但是,她被这个家遗弃了,她被爸爸遗弃了。

3. 孟辉非常反感她,她担心自己会因此丢掉小薇的爱。

这个梦可能还有更现实的含义,胡医生说,孟辉可能在某些方面像 Jane 以前的男朋友。他猜测,他之所以离开 Jane,可能是因为有了第三者。孟辉将 Jane 从汽车里踢了出去，可能象征着 Jane 被以前的男友遗弃。

但是，因为 Jane 并没有给胡医生讲她以前的感情故事，胡医生并没有向她透露他的这个分析。

胡医生说，这样做是非常有道理的。一些做心理治疗的新手，一发现来访者的潜意识，就会迫不及待地说出来，但因为心理医生和来访者的关系还没有建立好，这样做就像是将来访者的伤疤撕开了，但心理医生又没有能力撒上药去治疗它，只能听任伤口在风中备受摧残。

胡医生说："潜意识的揭开必须与医患关系的安全程度相匹配，心理医生只有确信自己能处理的时候，才去解开来访者的潜意识。"

胡慎之说，和 Jane 谈话的时候，他常有一种奇怪的感觉。似乎，不是一个真正的人在和他谈话，而是一个虚假的人在说话。这个人神情迷离，玩世不恭，对什么都不在乎，常开一些轻飘飘的玩笑……这一切都像是空气一样，从他耳边擦过，他记住了，但又好像没有记住。

他说，他断定这个时候的 Jane 是假的，是一个人格面具。这个人格面具放纵、冷酷，而且贪婪。

但胡慎之感觉到，真正的 Jane，是一个可怜的小女孩，她认定谁都不爱她，她担心所有亲密的人最后都会遗弃她，所以她索性就不和别人亲近，"是我先拒绝了你们，你们再拒绝我，我就不受伤了"。

真正的 Jane 有点任性，但非常单纯，实际上对钱一点都不在乎。真正的 Jane，其实非常不自信，尽管像安吉丽娜一样漂亮迷人，但她走路时总是低着头，而且走得歪歪扭扭。

Jane 已分裂成两半。虚拟世界里的 Jane，人际模式是"我行，你不行"；真实世界里的 Jane，人际模式是"你行，我不行"。综合起来的

Jane，是"我不行，你也不行"，一方面她对人性感到绝望，另一方面，她对自己一样绝望。

在这种综合人际模式之下，她和网友们互为工具。对方是她满足自己的工具，她也是满足对方的工具。

她那个情人，和她一样持有"我不行，你也不行"的人际模式，两人都不再去爱，也拒绝爱，于是两人都不相互纠缠，反而有了一种绝望的默契。

胡慎之说，小薇留住了 Jane 对美好的一点向往。Jane 也对他说，做教师的时候，她也常从孩子们那里感受到无条件的爱，感受到希望。如果没有这些希望，Jane 会彻底沉沦到黑漆漆的世界里，那里似乎有自由，但那实际上如地狱一般痛苦。

现在，作为一名心理医生，他要做的，就是给予她无条件的积极关注，去和她建立一种成人间的"我行，你也行"的健康关系，让她体验到这种关系是多么美好，从而让她主动走出黑暗。

网络匿名性让人丢失"超我"

"在网络中，我变成了另外一个人。"这是我们经常听到的说法，但是，为什么网络会让一个人变成"另外一个人"呢？

弗洛伊德认为，一个人的人格有三部分：超我、自我和本我。超我是一个人内化的社会规则，本我是人的本能冲动部分，而自我则是人格中的协调员，既不让超我太过于强大，那样一个人会变成一个僵硬、乏味只讲规章制度的人，也防止本我太过于强大，让一个人变成被本能操纵的动物，为所欲为，不负责任。

在现实社会中，一个正常人的超我、自我和本我同时共存。但是，在网络中，人的超我会严重降低。

之所以如此，美国学者金伯利·S.杨解释说，一个很重要的原因是匿名性。在网络交往中，因为隐匿了自己的真实身份，一个人会变得更加不负责任，为所欲为。

一些交友网站试图采取实名登记的方法加强网友的责任感，但这一点帮助并不是很大，因为网友在交往中还是以网名相称，很少称呼真名。

胡慎之说，我们的真名先被父母称呼，又被同学、同事称呼，它不仅是一个简单的名字，而是有了丰富的心理色彩，名字本身就代表着一个人的超我和自我。当有人称呼我们的名字时，它会唤起我们的身份感。但网名是不具备这个心理特征的，一些人同时采用多个网名，一个很重要的原因就是想减少自己的身份感，即降低超我对本我的管理。

优秀的女性为什么怕成功

很多女性有了事业之后,家庭本身可能就不幸福了。但我和我丈夫两人却学会了一起努力来平衡事业和家庭。我认为对男人来说,最重要的是在感情上让他们有安全感和满足感,不要让他们有一种"老婆成功,自己不行"的感觉。我的丈夫非常善解人意,他在感情上也靠得住。

——基兰·马宗达尔-肖

(印度最富有的女人,生物制药公司 Biocon 的创始人)

我们是否具有很高的成就动机

一天,陪一个朋友去北京办事,我们约在机场见面,她早早订了机票,时间是 17 时 30 分。我怕迟机,于是 16 时就赶到了机场,但一直不见她的身影。给她打了多次电话,没接;发了几条短信,也没回。

约 17 时 05 分时，她才姗姗来迟。"抱歉，我的两部手机都调到了静音。"她一脸歉意地说。

这倒没什么，我说，因为在等待的时候，我一直在读书，所以不会浪费时间。但问题是，不能赶上原有班机，我们只能改签下一班了。结果，两张本来四五折的机票，改签成了两张九五折的机票，多花了近 1500 元。好在，这位朋友虽然年轻，但有一个规模不大不小的工厂，生意火爆，称得上是成功人士，这点钱不会让她心疼。

不过我发现，她手腕上戴着手表，而且来机场的路上，她有专门的司机。然而，在到机场前的约两个小时内，她一次时间都没看过。这就很有意思了。

更有意思的是，她告诉我，迟机对她来说是常事，"一半一半吧"。也就是说，一半时间能赶上原有班机，一半时间要改签，而她每年差不多要坐二三十次飞机。

为什么会这样？

和她聊了很久后，我找到了答案：优秀女性对成功的恐惧。

很多女性对可以预期的成功怀有恐惧，这是美国女心理学家霍纳在 1968 年发现的一个现象。其原因有多种解释，最通常的解释是，如果太成功了，女性会担心自己在与异性的亲密关系上遇到麻烦。她们下意识地认为，男人惧怕优秀的女性，惧怕和成功的女性建立亲密关系，除非自己比她们更强大。因为这种恐惧，许多优秀的女性会做一些连自己都不明白的莫名其妙的事情，以避免自己过于成功。

我这位朋友，她不仅迟机，而且经常迟到，不仅在日常生活中如此，在商务谈判中仍然如此。并且，她总说自己很笨，"是别人帮我把事情做好的"。此外，她的生活也比较缺乏计划性。

对她而言，这些做事的风格，和迟机一样，其心理意义是，她在对自己、对周边的男人、对整个社会说："你看，我不是一个渴求成功的女人。我这么没计划、没条理，我经常迟到，我还经常迟机。所以说，成功不是我做来的，而是上天的安排与恩赐。"

或者，这样做有更直接的意义，那就是毁掉一些机会，从而得以避免更成功。

一个人成就动机的强弱，在相当程度上决定了他的成功与否。

心理学家认为，成就动机含有两种成分：追求成功的倾向和避免失败的倾向。一个人成就动机的水平等于追求成功倾向的强度减去避免失败倾向的强度。所以，前者越强，一个人的成就动机就越强，后者越强，一个人的成就动机就越弱，因为如果太害怕失败就会不敢接受挑战，从而回避困难的任务。

高成就动机者具备以下三个特征：

1. 具有挑战性与创造性。高成就动机者具有开拓精神，喜欢富有挑战性的任务，并全力以赴获取成功。他们富有创造性，总是力图将每件事做得尽可能好。

2. 具有坚定的信念。他们目标明确，对自认为有价值的事情会持之以恒，无论遇到多大困难，都始终不放弃自己的目标。

3. 正确的归因方式。他们把成功归因于能力与努力，而把失败归因于缺乏努力这种可变的内在因素上，这种归因方式会使他们总是从自己身上寻找答案，并改变自身的缺点，不断努力，不断进取。改变自己是最容易的，但低成就动机者总是把成功归因于外在原因，如运气，于是自己不去努力改变自己，从而丧失了进步的机会。

关于成就动机的两种倾向可以用下面这个例子说明。我经常迟机的这位朋友,其实有很高的成就动机。她最初的工作是推销员,她回忆说,在每次敲客户的门时,她都感觉不到有任何害怕,哪怕面对超大型公司的老总级人物,尚是一个黄毛丫头的她仍能镇定自若地和他交谈。"我从不怯场,这是自然而然的,没有一点儿伪装。"她说。换成心理学语言就是,她避免失败的倾向极其微弱。

琪就是因为毁掉了一个又一个机会,所以工作能力极其出众的她,尽管已37岁,却仍然只是一家小公司的小经理。

"我是做了一次心理咨询后才意识到自己有成功恐惧的。"琪在接受采访时说,"成功恐惧的第一次表现是高考吧。"

她回忆说,她高三的成绩非常优异,足以上北大、清华这种一流学校。但是,第一次高考时,她发挥失常,结果刚过重点线。因为父亲对她的期望很高,所以她没去上,而是选择了复读。第二次高考,她发挥正常,超了清华分数线近30分,但在报志愿时,她违背爸爸的意愿,选择了爸爸的母校——一所普通的重点大学。"现在回想起来,是我害怕上比爸爸的母校更好的学校,因为那意味着我比爸爸还出色。"琪说。

大学四年,琪成绩一般,却是风云人物。她爱跳舞,又擅长组织活动,"出过一个又一个风头"。毕业时,她被分配进一家大型的国营外贸公司,"是当年第一个被提拔的毕业生,也是公司历史上升职最快的新员工"。3年后,她决定辞职。

这一次辞职看起来有很容易理解的原因。琪离婚了,所以想换一个环境。这次她找的是一家港资电子类公司。一进公司,因为她有丰富的工作经验,公司老总想安排她做一个部门经理,但被琪拒绝了。"我要求从最低级的销售员做起,公司老总很高兴地答应了,他以为我是喜欢挑战的人，我当时也这么认为。"琪说。

两个月后，因为成为公司的销售冠军，琪被提拔为部门经理——这正是她一开始就可以获得的职位。又过了两个月，公司打算把她升为副总。但是，她又辞职了。

"这次没有什么明确的原因，我也不清楚为什么要辞职，只是觉得很累，不想再做电子这一行了。"琪说，"大家都觉得我莫名其妙，毕竟副总不需要每件事都亲力亲为，如果会统筹工作，还是可以做得比较轻松的。"

接下来，她又换了几个工作，每进入新公司，她都要求从"最初级的销售员做起"，但等升到一定位置后，她就又辞职了。职位最高的一次也是副总，但刚升上去一个月，她就又辞职了。

后来，她干脆自己开了一家公司，做机票、火车票的销售。"当时这种公司很少，很挣钱。"琪回忆说，"我公司里的小姑娘最多一个月都可以挣到两三万元，我的收入就更不用说了。"

这样做了一年后，琪把公司给关了，又是"说不清楚的原因，我跟别人说，是嫌麻烦，但实际上，我自己也觉得有点稀里糊涂"。

就这样，琪不断地跳槽，到现在已经记不清楚跳多少次了。并且，在一个城市"待腻了"，她就换一个城市。迄今为止，她已在五六个城市工作过了。

这是一个奇迹，做过公司副总、自己开过公司并且有一系列"辉煌回忆"的琪现在只是广州一家仅有十余名员工的小公司的小经理。

"不能再这样下去了，我一定是有什么地方不对劲。"琪说。于是，她两个月前去看了心理医生。

高成就触发了内心强烈的愧疚感

在咨询室里，琪最先谈了高考的事，咨询师问她："你是害怕成功吗？"琪回忆说，听到这句话，她当时有一种"五雷轰顶"的感觉。接下来，当咨询师和她探讨起她为什么害怕成功时，她的内心深处一直不愿被触及的痛苦回忆终于被触动了，而那正是答案。

原来，就在离婚前，她的哥哥遭遇了一场意外的横祸而惨死。惨祸发生之后，她一直是家里最坚强的人，从打理后事到出殡，都是她一手操办的，而且她也极力去抚慰父母那颗破碎的心。但是，"我内心深处的内疚感却无法处理。"琪说。

原来，从小琪就是父母的宠儿，她非常聪明，爸爸对她寄予了极大期望，而对她哥哥却没有这种期望。她也不负爸爸厚望，从小学到高中一直都是学校的尖子生。

"小时候，爸爸让我做什么，我就做什么，没觉得有什么问题。"琪回忆说，"但先是在高考时，我潜意识中不愿意超越哥哥。等上了大学后，可能是女孩们共同的成功恐惧也感染了我，所以我不再刻苦学习。爸爸对我的期望是，做中国的居里夫人，但现在，我只想做一个女孩。"

大学时代，琪就隐隐有了内疚感，"仿佛是，我开始觉得，不应该比哥哥强，我把本来属于哥哥的宠爱夺走了"。

哥哥的惨死一下子将这种内疚感激发到顶点。"内心深处，我后悔自己比哥哥强，我占有了那些属于他的东西，我想他应该比我优秀才对。"琪说，"潜意识中，我决定把自己得到的这些还回去。于是，我一次又一次地通过没有价值的跳槽来惩罚自己，直到今天。"

琪的故事中，还有一个受害者——她的前夫。

因为对死去的哥哥的内疚感，琪极力地惩罚自己，离开前夫同样是对自己的惩罚。其中的心理意义有很多种可能。或者，哥哥——这个亲密男人的惨死带来的伤痛太重了，琪不想再重复第二次，所以她先断绝更亲密的关系——与丈夫的关系，以防止这种可能性的发生；或者，只要一个与异性的关系让她觉得自己比男人优秀，她就要逃，因为这个关系和她与哥哥的关系一样，会让她极为内疚；或者，因为她无法接受自己最重要的部分——她很能干，而变得也无法接受自己最亲密的人。

"对于优秀的女性，最好的办法就是忠于你自己，接受你的确优秀的事实。"中国科学院心理所博士陈祉妍说，"我们如何对待自己，就会如何对待别人。如果我们否认自己，也会容易否认别人。"

请接受自己优秀的事实

"事实一旦产生，就不容否认，也无法否认。"陈祉妍说，"如果你的确很优秀，但又不想承认这一点，极力否认这一点，那么，你内心对优秀的渴望会更强烈。只不过，你不再要求自己优秀，而是要求亲密关系中的其他人优秀，譬如你的恋人、丈夫或孩子。并且，除非他们比你更优秀，否则你会攻击他们，认为他们不配你。"

我的一个研究生同学，她是我们公认的最有天赋的人，最有可能在心理学上有所成就。然而，她自己对被公认为头号才女的事实感到不舒服，她说："在很长的时间内，我想极力掩饰自己是一个才女的事实，我内心中隐隐觉得，不这样做就嫁不出去。"

这种掩饰在她结婚后达到顶点。那段时间，我每次见到她都觉得很难过，因为她身上那种天才的锐气似乎消失了，她"变成"了一个中规中矩的家庭妇女，说平常女性都说的话，做平常女性都做的事，而且走起路来，个子很高的她总是弯着腰。但尽管做了这些努力，这次婚姻仍然没能持续下去，相处了近两年后，她和丈夫离婚了。

"我以为否认自己的优秀，把它们压下去，就可以和一个男人相处。"她说，"但我错了。你扭曲自己，否认自己，你必然会觉得很委屈，于是我最后把这种委屈转嫁给了我的前夫。"

其结果就是，她一开始认为自己能接受这个有点平凡的男人。但最终，她对他越来越挑剔，虽然这种挑剔没有表现出来。譬如，她从不说刻薄的话或做刻薄的事以刺激丈夫，但却越来越不愿意看到他。

"这不是他的问题，而是我的问题。"她说，"优秀的女人势必有对优秀的渴望。你否认自己优秀，不成长了，你就会把这种渴望投射到身边的男人身上去。如果男人果真卓越，你会欣然接受。如果男人不如自己，你会特别愤怒，恨他怎么就那么差劲！"

她继续说："你如此愤怒，首先是因为你对自己愤怒，因为你否认了自己最重要的天分，但这一部分不会消失，它会反抗你的压制，它让你心中充满愤怒。并且，这种愤怒藏在潜意识中，寻找一切机会喷涌而出。那个机会就是，当男人脆弱的时候。"

这对关系有巨大的杀伤力，因为再强大的男人，当脆弱的时候，也需要理解与保护。

其实，哪怕世界上最优秀的女人，她也仍然是一个脆弱的女人，如果她全面接受了自己，既能接受自己的脆弱，又能欣赏自己的优秀，那么，她也会安然地接受男人，欣赏他的优秀，接受他的脆弱。这时候，关系会自然而然地变得和谐。

男性也有成功恐惧

女性的成功恐惧到处可见。譬如，在接受新工作或新职务时，女性常犹豫不决，总是先考虑自己能力是否足够，或是说"我要先回去跟家人商量……"。此外，年轻女性也常常在闲谈中说："不想干了，找个老公养我就好了！"

这看起来像是玩笑话，但实际上却反映了女性恐惧成功的集体潜意识。

美国女心理学家霍纳是最早研究女性成功恐惧的科学家。1968年，她请女大学生构思一个故事，其开头语为"第一学期末，安妮发现自己在医学院的班上名列第一"，而对于男大学生，开头语的"安妮"改为"约翰"。结果发现，68%的安妮的故事比较悲惨，典型的故事是她取得事业成功，但在婚姻上不幸，要么是迟迟找不到另一半，要么是离异。相反，91%的约翰的故事比较幸福，最终的结局多是"才子佳人"，不仅取得了事业成功，还找了一个漂亮老婆。

霍纳由此提出女性有恐惧成功的倾向，原因在于社会和家庭给她的定位是柔弱的、被保护的、不抛头露面的，所以成功就意味着对这种性别角色定位的挑战和背叛。

不过，女性并不是恐惧所有方面的成功，在符合女性的性别角色定位的职业上，譬如护士、音乐、演艺、文学等方面，女性的成功恐惧就比较低。相反，在女性的传统领域，男性倒明显有了成功恐惧。譬如，《信息时报》有一篇报道称，"男护士在各大医院受欢迎，恋爱上不受欢迎"。就因为护士是女性的传统领域，于是，在人们的潜意识深处，护士就和女人味之间画上了等号，女孩因为下意识里担心"男护士——女人味的男人"，从而不愿意和他们谈恋爱。

刘玲是一个富有上进心的女孩，立志做一名激光专家。经过努力，她在大三的期末考试中取得了年级专业课第一名的成绩。她非常高兴。她想，这是向理想迈出的第一步，但离人生目标还有很长的路要走，无论多难，她都会坚持下去。此后，她更加发奋学习。同学们梳妆打扮时，她在图书馆学习；情侣们外出逛街时，她在实验室做实验。渐渐地，她与周围同学疏远了。

父母劝她，女孩子有个大学文凭就够了，不然会嫁不出去的。她仍坚持己见。33岁时，她获得了博士学位。随后几年，她成绩斐然。然而，她的婚姻问题一直没解决，每天晚上都与孤灯相伴。后来，她不得不委屈自己，与一位六十多岁的失去妻子的老干部结了婚。没想到，结婚刚一年，丈夫就提出离婚。刘玲感叹道："处理好家庭与事业的矛盾真是一门比激光还艰深的学问！"

——一名女大学生对女性成功故事的想象

赵刚是年级中的佼佼者，这次又考了第一。当然，激光本来就是男生的专利！班里的女生学起来都是不要命的，她们关心分数，但男生这样做就很难。大部分人对赵刚的成绩没什么想法，只是成绩在他后面的几位女生不服气，认为赵刚只是运气好而已。赵刚自己对此也并不十分看重，他只看重过程。假如赵刚结婚，他的妻子一定是个"佳人"，才子佳人，郎才女貌嘛。婚后的赵刚事业会更上一层楼，家庭幸福美满，孩子很有教养。

——一名男大学生对男性成功故事的想象

拓展阅读
心理测试：测测你的成功恐惧

1. 碰到一个想要的工作机会时，我常懒得表现出兴趣。

   A. 完全不像我　　B. 不太像我　　C. 很不像我

   D. 很像我　　　　E. 完全像我

2. 我常担心如果工作能力太好了，上司会加重我的负担。

   A. 完全不像我　　B. 不太像我　　C. 无所谓像不像我

   D. 很像我　　　　E. 完全像我

3. 应邀参加对事业有帮助的社交活动时，即使不认识任何人，我也会出席。

   A. 完全不像我　　B. 不太像我　　C. 无所谓像不像我

   D. 很像我　　　　E. 完全像我

4. 即使工作报告是我准备的，我也宁愿别人出去讲，因为这样我才能退居幕后。

   A. 完全不像我　　B. 不太像我　　C. 无所谓像不像我

   D. 很像我　　　　E. 完全像我

5. 当我获奖或升职时，我常觉得受之有愧。

A．完全不像我　　B．不太像我　　C．无所谓像不像我

D．很像我　　　　E．完全像我

6．和老朋友维持友谊，总比上升太快失去他们好。

A．完全不像我　　B．不太像我　　C．无所谓像不像我

D．很像我　　　　E．完全像我

7．当同事、朋友为我的成功欢喜时，我自己却没反应。

A．完全不像我　　B．不太像我　　C．无所谓像不像我

D．很像我　　　　E．完全像我

8．对赚钱比我多的人给我的理财建议，我常常是"听听而已"，不会有任何兴趣。

A．完全不像我　　B．不太像我　　C．无所谓像不像我

D．很像我　　　　E．完全像我

9．对财务状况做重大的改善，会干扰到我的生活情形。

A．完全不像我　　B．不太像我　　C．无所谓像不像我

D．很像我　　　　E．完全像我

10．我认为自己越成功就会有越多的人因为"某些理由"对我产生兴趣。

A．完全不像我　　B．不太像我　　C．无所谓像不像我

D．很像我　　　　E．完全像我

11．在桌球、网球等比赛中重挫对手，会让我觉得很爽。

A．完全不像我　　B．不太像我　　C．无所谓像不像我

D．很像我　　　　E．完全像我

12．我不喜欢把名字和一些成功产品或计划相提并论。

A．完全不像我　　B．不太像我　　C．无所谓像不像我

D．很像我　　　　E．完全像我

13. 我比那些不惜一切代价出人头地的人有价值得多。

　　A．完全不像我　　B．不太像我　　C．无所谓像不像我
　　D．很像我　　　　E．完全像我

14. 我知道我是天生赢家。

　　A．完全不像我　　B．不太像我　　C．无所谓像不像我
　　D．很像我　　　　E．完全像我

15. 虽然有条件发财，我还是宁愿做些有意义的事。

　　A．完全不像我　　B．不太像我　　C．无所谓像不像我
　　D．很像我　　　　E．完全像我

16. 对别人努力争取却无法得到的工作，我会积极争取，因为这是个表现自己的机会。

　　A．完全不像我　　B．不太像我　　C．无所谓像不像我
　　D．很像我　　　　E．完全像我

17. 如果有人在业务上侮辱我或错怪我，我通常不会和他们争辩什么，即使因为失去了做生意的机会，我也不在乎。

　　A．完全不像我　　B．不太像我　　C．无所谓像不像我
　　D．很像我　　　　E．完全像我

18. 当大家为找哪一家餐馆吃饭或看哪部电影而意见不一致时，我通常不会有任何主张。

　　A．完全不像我　　B．不太像我　　C．无所谓像不像我
　　D．很像我　　　　E．完全像我

19. 我觉得胜败无定论，主要是你怎么做。

　　A．完全不像我　　B．不太像我　　C．无所谓像不像我
　　D．很像我　　　　E．完全像我

20．有钱有势而让人有好感，总比潇洒美丽引人注目好。
　　A．完全不像我　　B．不太像我　　C．无所谓像不像我
　　D．很像我　　　　E．完全像我

21．你觉得尽管对工作有兴趣但赚不了大钱这绝对不是什么好事。
　　A．完全不像我　　B．不太像我　　C．无所谓像不像我
　　D．很像我　　　　E．完全像我

22．你觉得为别人花钱容易，为自己花钱难。
　　A．完全不像我　　B．不太像我　　C．无所谓像不像我
　　D．很像我　　　　E．完全像我

23．即使有更好的工作机会等着我，我也不会离开我一向做得很好的工作。
　　A．完全不像我　　B．不太像我　　C．无所谓像不像我
　　D．很像我　　　　E．完全像我

24．我不太会引人注目，倒是常会被人吸引。
　　A．完全不像我　　B．不太像我　　C．无所谓像不像我
　　D．很像我　　　　E．完全像我

25．我在乎自己感觉有多少成就，而不是别人的看法。
　　A．完全不像我　　B．不太像我　　C．无所谓像不像我
　　D．很像我　　　　E．完全像我

计分规则：第3、11、13、14、16、19、20、21题，A．B．C．D．E的选项得分分别为5、4、3、2、1，其他题的A．B．C．D．E的得分分别为1、2、3、4、5。如果得分在50分以下，说明你的成功恐惧比较低，如果得分在100分以上，说明你的成功恐惧比较高。分数越高，成功恐惧就越高。

情爱关系中的珍惜原则

别在私人关系中做太绝

情爱，本是最美好的事，如果加进算计与掠夺，就成了最恶劣的事。

一个人的世界，可以分成两部分：以工作关系为核心的社会领域，以亲密关系为核心的私人领域。

两个领域都有各自的核心规则，社会领域的规则是权力，目的是争夺谁说了算，当然最好是我说了算；私人领域的规则是珍惜，即我尊重你的本真。

如果在社会领域主要使用珍惜规则，而摒弃权力规则，或在私人领域太多使用权力规则，都容易将我们的生活弄得一团糟。

并且，我把在私人领域使用权力规则，称为"污染"。

所谓情感大戏，是指人在私人领域，严重地使用了权力规则，而被侵犯的对方却傻傻地使用珍惜规则，结果被掠夺得一干二净。

人在做，天在看。

这个天，在过去，是我们想象中的老天爷，当然也有我们内在的良心。

我使用珍惜规则，而你使用权力规则，可以让你一时占尽便宜。但我可以鱼死网破地反击，而一旦事情太极端离谱，成为互联网热点，那么，在亲密关系中玩权力游戏的无情掠夺者，可以一下子身败名裂。

人际关系，经常像是一团迷雾，这团迷雾，主要是因为权力规则太多地侵入到关系中所致。

在工作中，因为明显有利益在，所以我们很容易认识到这一点。但在亲密关系中，因为我们认为应该是珍惜规则，所以容易忽略权力规则的存在，甚至还将权力规则视为是珍惜规则，结果导致了关系中的糊涂哲学。

认识清楚权力规则，并合理运用，这会避免我们在关系中沦为"它"的境地。

我有一位来访者，她来找我，是因为有严重的产后抑郁症。原因是，她在现在的家庭和原生家庭中，都严重缺乏权力空间。

她生活在那种典型的重男轻女家庭，五六个姐妹，最后一个是弟弟。而她多次被父母抛弃，几次是送人，一次是放到了儿童福利院，这是极为可怕的经历，并导致她性格软弱，不能去争取话语权和利益。

她现在的家庭，也是严重的重男轻女，虽然她生了一个儿子，但在新家庭，最有地位的是婆婆，接着是丈夫，接着是婆家的各种人，譬如小姑子，而她的地位最低。

和她的咨询过程，称不上精彩，我主要是给了她鼓励、认可和支持。

而她逐渐开始转变，最后成了一个有些凶悍的女人，把公婆请走，也严重警告了小姑子等婆家人：这是我的家，如果你们过来，请记住你们是客人，我才是主人，如果你搞挑拨离间，别怪我不客气。

对丈夫，她过去是言听计从，现在是常常主动争吵。丈夫对此很生气，但有一次坦诚说，过去你很听话，我觉得很好，但说实话看不起你，也不爱你。现在你变得很凶，但你能力强了很多，我发现也更爱你了。

后来他们要生二胎，丈夫想请妈妈过来陪她坐月子。婆婆也特想来，并且曾夸下海口说，这个家族里的所有孩子，都是她带大的。这样说，明显是为了争夺权力，以后就可以拿这个当作资本，在整个家族里维护她至高无上的话语权。

我的来访者不想让婆婆来，因为之前婆婆陪自己坐月子的经历如噩梦。现在和婆婆关系也不算好，所以她对丈夫说：那时候最需要照顾的是我，但你妈根本就不会照顾我，我不想让她来。

他们的关系一度陷入僵局。

我和她多次探讨这件事，要把这个家族中的权力游戏弄清楚了。

家庭中不仅有美好，也会有残酷的权力游戏。

生育和养育，都是权力。因为，新生命的出生，自然将改变整个家庭的权力格局，孩子亲谁、认可谁，就意味着谁的权力会增大。

作为生育者和养育者，母亲在这一点上具有极大优势，当然这也是付出极大代价换来的。这时候，如果有人嫉妒母亲的这个权力，要去争夺，就会导致严重的家庭权力战争。

这是婆媳大战的根本。

让带着本心的我和你的本真相遇

过去我一直不能很好地明白，为什么不少女性生育后，按说最需要照顾的时候，却容易遭遇可怕的对待。为什么我见到的多数闹离婚的家庭，是孩子出生后开始的家庭大战。当清楚新生命就是权力，生育和养育就是权力时，这一点就看透彻了。

譬如，来访者的婆婆最初嫁人时，同样是老公整个家族都排斥她，她在家族里的地位是最末一位。但她生了四个孩子，四个孩子逐渐长大后，她在自己的小家庭里，就有了至高无上的地位。

婆婆的丈夫，在年轻时是被争夺的对象，并且很多儿子容易站在自己母亲那一边，于是会忽视妻子和孩子。等孩子长大了，孩子自然也不亲他认他，于是老了后，就成了整个家庭中可有可无的存在。

等这四个孩子都成家后，就意味着，婆婆生出了属于她自己的家族。这个时候，品尝过权力变迁滋味的她，很容易要和自己的媳妇们争夺权力。

就像轮回一样，这时候，我的来访者的丈夫，也是容易站在妈妈这一边，但这个男人没意识到，新的权力变迁在发生。如果他只是单纯维护母亲，而为难妻子和孩子，那么在他自己的新家庭中，他将失去自己的权力，等他老了时，也会成为和自己父亲一样可有可无的存在。

把这些谈清楚了以后，我的来访者和丈夫做了几次深谈，把这个权力游戏的变迁，清晰透彻地讲给了丈夫。丈夫曾被气得不得了，但之后，他不再叫妈妈过来带老二了，也改变了对妻子和孩子的态度。于是，这位来访者的老二，就成了这位婆婆第一个没有带过的第三代的孩子。

经过这样的战争后，我这位来访者，才第一次清晰地感觉到，她终于成了自己家的女主人，拥有了一个可以自己说了算的家。

她的所谓的产后抑郁症，至此也就彻底不存在了。

我多次讲课时，讲到这位来访者的故事，这是一个家庭一代代轮回的故事。当赤裸裸地讲清楚其中的权力游戏时，许多人会被震撼到，然后就更知道该怎么做了。

权力规则，其实就是"我与它"的关系。我将你视为达成我的目标的对象与工具，总之是试图建立一个都是我说了算的空间。

珍惜规则，实际就是"我与你"的关系。我不控制你，更不忍将我的各种知识和本领使用在你身上。我只想，让那个带着本心的我，和你的本真相遇。

著名科幻作家阿西莫夫在他的小说《基地》中讲了一个这样的故事：丑陋无比的"骡"掌握了操控人心的能力，他能像调控一个有刻度的表盘那样，精准地诱导出别人的各种情绪情感，因此征服了宇宙。但他一直不忍心将他的这个本领，用在他心爱的女人身上。那个女人是唯一一个见到他的丑陋，仍然关爱他的人。

那些能以本心行走在红尘中的人，都是非常可贵的人。

不过也想说，我们需要完整地看到权力规则和珍惜规则。我们可以使用权力规则保护自己和所爱的人，也可以使用权力规则去构建一个事业。但同时，我们要知道，只有珍惜规则，才能构建爱，才能让你碰触到你的本真，和人性的本真，乃至世界的本真。

也正如马丁·布伯所说，将彼此视为工具，而彼此利用的"我与它"的关系时时刻刻存在，真爱的"我与你"的关系是瞬间，而不是"我与你"才是对的，"我与它"不该存在。

在亲密关系中，当发现对方已经无情地启动了权力游戏时，你别犯傻启动圣母模式，如果你这么做，很容易将对方推向邪恶的极致，这时，你最好也启动权力规则，让对方知道，你清楚在发生着什么。

　　对我而言，我深刻认识到，只有当我能特别好地捍卫我的空间，成为一个有强大自我的人时，我才能更好地在某些时候放下自我，去构建"我与你"的关系。

PART 3 ——

生命的
不可承受之重

消失的边界

界限意识是关键

保姆,对现在的城市居民来说极为重要。

我认识的朋友里,极少有人不请钟点工的,而条件好的朋友,有人会请全职保姆,甚至是住家保姆。曾有一段时间,广州电视台最受欢迎的节目是《心水保姆》。

关于保姆,我知道这样几个故事:

一位朋友,有一栋大别墅,请了三个保姆,其中一个住家,而这位保姆本来的梦想就是住豪宅,所以她对她的工作很满意。我朋友也常开她玩笑说,你住这套房子的时间比我还多。

还有一次,去参加一个收费很贵的课程,一位女士在课上大声问:"你们有谁把自己的配偶带过来学习过?"

有很多人举手。她再问:"你们还有谁把孩子带过来学习了?"有很多人举手。她再问："你们有谁把父母带过来学习了？"

还有很多人举手。

最后她问："你们有谁把保姆也带来学习了？"

还有几个人举手。

这位女士说："我本来以为只有我才会这么干，把老公、孩子、父母和保姆都弄来学习，因为真的很有帮助，但看来还有人和我一样疯。"

上这个课，她说自己花了过百万。

这两个故事的主人，都是富豪。

说明一下，这个过百万的学费，是她自己多次学习加带人学习的费用总和。第二个故事中，这位女士应该是将保姆当自己亲人一样对待了吧，这样合适吗？该如何和保姆相处呢？

杭州曾发生的一起保姆纵火案，逼迫人们不得不思考这个问题。

2017年6月22日，杭州一高层住宅楼的一套300平方米的豪宅起火，女主人和三个孩子被烧死，而34岁的保姆已招供称是自己纵的火。

这件事太可怕，看着视频和图片中男主人伤心欲绝的脸，我在想，他该如何化解这样的痛。

这件事情就像是农夫与蛇的演绎。

据报道，这位保姆月薪7500元（也有说法是上万），买房子时雇主借给她10万元，但后来雇主发现她偷窃，例如曾将价值30多万元的手表拿去典当了2万元。

雇主非常善良，发现保姆偷窃后，对她说，您别这样做，缺钱就开口，但最终还是决定让她两天后离开。

为什么是两天后呢？因为两天后男主人才出差回来。

然而，纵火案就在这期间发生了。

男主人只怕会严重怪罪自己吧，希望他别太自责了。

保姆为什么纵火？据说是她想制造起火灾，再自己扑灭，以此来赢取雇主的欢心。我觉得这个说法，只是她对自己动机的美化。她这么做，原因可能就是恨：你们竟然报警，如果我真被抓了，就得蹲监狱，所以我要报复。这位保姆来自广东省东莞市长安镇，有认得她的人说，她有赌瘾，是赌光了财产才去做保姆的。所以这是一个极端事件，是这家雇主雇请了不对的人。那么，就算请了对的保姆，又该如何和保姆相处呢？

我也多次请过保姆。有一次，我请的保姆有严重的心理问题。

她当时还有严重的生活危机，但事情做得好，人也善良，所以我还是决定请她。

后来有一次，她的精神状况吓了我一跳，于是我和我的心理咨询师朋友胡慎之探讨该怎么做，最后达成的一致意见是：继续请她，也适当帮她，但要保持界限。

保持界限的意思是，我们就是雇主和保姆的关系，而不要把她当亲人对待。

如果当亲人对待，对方就容易想：我们应该共享。这件事上，我这样做了，但我是一个不容易守住界限的人，其他事情上，多次破坏界限，结果真的给了别人这种感觉——我们是一体的，我对你尽心尽力，所以就该和你一起共享你的资源……用术语来讲，就是我们陷入了共生的关系，这时对方就觉得"我的就是你的、你的就是我的"了。

孩子和大人的共生关系，其实都是为了制造一种感觉：我可以肆无忌惮地使用这个关系的共享资源，也包括你。这就是剥削的感觉，婴儿没有资源，也极其无力，需要剥削妈妈。其他时候的共生关系也一样。

共生关系中，不可避免地会有剥削。

母婴关系中，有婴儿对母亲的剥削。就是说，当你和别人建立了共生关系时，剥削就会发生，而且剥削时还理直气壮，其中常有的理由是：我把你当最亲的亲人对待，我对你尽心尽力，所以我从你这儿拿多少东西都是应该的。什么？你竟然不允许我拿，你背叛了我，我恨你！

再讲一个故事。

一位朋友，请的全职保姆勤快，干活好，人又善良，朋友信任她。后来他多次借钱给保姆，因为常常没再要，所以和给是一样的。

逐渐地，保姆就变得像家人一样了，在家里特别有主人翁的感觉，但也的确掏心掏肺地对朋友。

只是，她干活不再那么职业了，有了懈怠。朋友也觉得可以理解，整体上做好就行。再后来，有一次保姆提出借几十万，想买房子，朋友诧异，觉得她怎么可以提这么离谱的要求，拒绝了她。保姆有了怨言，你们收入那么高，几十万不算什么啊。她的怨言倒不激烈，但朋友一下子警醒了，觉得事情已不对了，果断辞掉了保姆。

说起这件事，朋友也说，保姆最初人是非常好的，是他自己一再突破界限才会这样的。

假如再重新开始，那就会变成：借钱就是借钱，而不会是给钱。如果想对保姆好，可以提高她的工资，这样她钱拿得也有尊严。

所谓界限，就是"我的"和"你的"是分得很清楚的。这是"我的"家，"我的"财产，而不是"我们的"。

有些朋友这种意识特别强。

譬如一个朋友发现，她请的钟点工将她家的隐私告诉给其他家，而其他家也正好是她的朋友，她知道后，对钟点工发出了严厉的警告。

但无效，后来钟点工还是传话了，她就立即把钟点工辞掉了。

这也是界限意识，"我的"私事，请你不要乱传。

找一个好的钟点工或保姆不容易，所以是不是非得守住这么严的界限，每个人可以自己衡量。

但假如能很好地守住界限，那么双方都会觉得舒服自在。

可是，基本的危机意识是应该有的，但假如有了"我们是一家人"的这种感觉，可能会让你的危机意识变弱。

你的善良，也许只是软弱

我听到过几个关于保姆涉嫌偷窃的故事，其中一个也是富豪之家。

孩子发现保姆可能偷了价值几十万的财物，和大人说了，大人也起了疑心，女主人就此找保姆谈话。

保姆自然是坚决否认。然而，孩子和女主人都有足够的证据显示，的确就是保姆干的。接下来，保姆又在家里干了一段时间，而孩子发现，保姆看自己的眼神都有些不对了。这事让我觉得惊诧，我问这个朋友，你为什么不立即辞掉保姆？

她的回答是，我们也不是太在意那几十万，保姆跟了我们十年，有了很好的默契，所以舍不得她走。我请她想想，几十万财产的偷盗，已是重罪，如果被落实，保姆立即就有牢狱之灾。就算你们不在意，还把她当家人，但她的头顶上，相当于悬着一把随时会掉下来的利剑，她不怕、不恨吗？

她看你孩子的眼神，那不是仇恨是什么？听我这么讲后，朋友才醒悟过来，把保姆辞掉了。但她还是好人，并没有和保姆撕破脸，甚至保姆走时，还给了一笔钱。

你以为的善良，也许是无力捍卫自己的软弱。

朋友的这种善良，未必是好事。假如她一直善良，而保姆一直在，保姆在她家里弄出什么事来，都是可能的。

这种善良，很可能只是软弱而已。其实界限意识之所以缺乏，也常常是出于软弱。譬如，很可能在你的原生家庭里，你面对父母不能守住界限。或者也有可能，你的父母自己守不住界限，不能很好地保护家庭，免于受其他人的剥削。

界限意识，即我不入侵你的空间，你也别想入侵我的空间，在我没有允许的情况下，你不能使用"我的"东西。这是一种力量，但这种力量，我们容易把它视为无情。同时，我们又总是把软弱当作善良。于是，你以为自己善良，对对方的剥削一再忍让，结果却让对方越来越强地去剥削，而把对方推向了邪恶。所以，好好学习界限意识吧。"我的"就是我的，"你的"就是你的，我不剥削你，你也别想剥削我。你哪怕有再漂亮的说法，我也不会允许你剥削我。

走出共生，开启独自探索之路

我一直难以想象，这三十多年，她是怎样过的。因为母亲时刻不离左右，没有私人空间，没有自己的个人时间，没有自身情感的小小角落——母亲，似乎已经成为她今生今世无法摆脱的另一半。所以她无法寻找另一半，也无法开始恋爱。她走到哪里都要带上并不年迈也无疾病的母亲，始终活在母亲的监管和控制之下。从个人选择的角度看，她几乎从未获得过一个成年人应有的权益……

——天涯网友"午后的水妖"

曾经轰动天涯的杨元元之死，是因为有人到天涯上发帖子，说贫困硕士生杨元元被其所在大学逼死。这个帖子在很长时间里赢得了广大网友的同情，但同时也不断有网友发现这个帖子的漏洞，且不断有新的事实呈现。

关于杨元元自杀事件，真相是什么呢？其实就是一个家庭悲剧，一个个人成长的悲剧。

孩子渴求拥有独立空间

2009年11月26日清晨,杨元元在学校宿舍的洗手间,用一条毛巾和一条枕巾接在一起,一头绑在水龙头上,一头套在脖子上,而她蹲在地上,用这种难以想象的方式痛苦地结束了自己的一生。

杨元元为什么会自杀?对此,首先将此事捅上天涯的网友"待岗游民"在其帖子《上海某大学海商法女硕士研究生真正死因》中称,是冷漠的校方逼死了杨元元。

这一帖子称,杨元元之母望女士因下岗且所住的家属楼被关闭,所以无处可去,于是跟着女儿一起到了上海。因为贫穷,租不起好一点的房子,而能租到的房子又太冷,所以一直挤在女儿学校宿舍的床上。这样过了一个多月,杨元元的室友主动搬出了这一宿舍。

接下来,据说校方请杨母搬出宿舍,当杨元元母女哀求时,被回复了很伤人的话:"没钱,没钱读什么书?"帖子里描述,宿管阿姨高某还威胁说,如果杨母不搬出去,杨元元就别想拿到学位证和毕业证。

由此看来,以这位宿管为代表的校方不仅要担负将杨元元逼到无路可走之地步的间接责任,还要担负阻挠救助的直接责任,简直是令人气愤。

在这个事件中,有个细节引起了我的注意——杨元元从大三起,杨母就和女儿住到了一起。

这一细节,被"待岗游民"描绘成了杨元元与母亲关系亲密的最佳证明。然而，仅仅这一细节就足够诡异了，难道，杨元元非得用这种方式和母亲待在一起吗？

因种种家庭困境，大学生们有过很多感人的故事。譬如，河南大学生洪战辉带妹妹求学，徐州师范大学的大学生张恒带父亲求学，这两件事感动了无数人，而学校也为他们提供了帮助。

但是，洪战辉和张恒都是无奈之举，带亲人求学，几乎可以说是他们的唯一选择，因为洪战辉的妹妹年幼且无人照顾，而张恒的父亲瘫痪也无人照看。

然而，带母亲求学并不是杨元元的唯一选择，甚至都远不是最佳选择，因为杨母只有五十余岁，而且身体健康，且每个月有937元的退休金。这些钱尽管为数不多，但节俭一些也足以养活杨母自己。更重要的是，有网友已经指出，杨母并不是无处可住，她在单位仍有宿舍。就算这一说法不成立，假如杨母能去找一份家政类的工作，养活自己也是绰绰有余。

那么，为什么身体健康、有生活能力和退休金的杨母非要和杨元元住在一起呢，而且是用和女儿挤在学生宿舍同一张床的方式？这是杨元元的需要还是杨母自己的需要？

心理学一个术语——共生——可以很好地解释杨母的这一行为。所谓共生，指两个人无法离开彼此，他们之间或许会有很多痛苦甚至仇恨，但两个人就是无法离开，而要紧密地、病态地纠缠到一起。

比较常见的共生现象多见于情侣和亲子这两种亲密关系。所不同的是，如果是情侣关系，它是相对平衡的，因为两个成年人的力量是相匹敌的。但如果是亲子关系共生，那这常常是失衡的，这首先会是父母的需要。父母从心理上离不开孩子，假如孩子离开就像失去自我一样，会空虚，找不到存在感，所以会死死抓住孩子不放。对于孩子而言，他们常常意识上会认为这是自己应该做的，但他们的内心会非常痛苦，他们内心会渴望走向独立，但他们意识上会认为这是错误的，甚至他们自己都不接受自己走向独立的动力。

从杨元元的人生经历来看，离开母亲走向独立一直是一个重要的动力。1998年高考填志愿时，杨元元想去大连某大学读海商法，但被母亲拒绝了，杨母拒绝女儿的理由是，考武汉的大学可以省些路费。

这个没有完成的愿望成了杨元元的心结。2009年11月25日，自杀的前一天，据杨母说，女儿和她聊天时把从小到大的事情都细细回顾了一遍——全盘回顾人生是自杀者自杀前常做的事情。她大胆对母亲说，如果当年你支持我报考大连某大学，现在一切都好了，同时特意说起她做家教时认识的一个15岁女孩，仅仅因为学习压力大就从28楼跳楼自杀了。

对于女儿这些话，杨母不知道该说什么好。那么，她是否能理解女儿为什么要报考大连某大学的海商法专业呢？

在我看来，她的这个志愿有着强烈的象征意义。

去大连那么遥远的地方，是她想离开家，离开母亲，走向独立。用这种方式拥有一个独立空间。

这种努力，她做了多次，后来她曾两次考上外省一个小城市的公务员，但最后都没去。据杨母的说法，一是因为距离远，二是因为不是北京、上海这种一线大城市。

但或许，真正的事实是，离开家去遥远的地方，是杨元元的梦想，而不想让女儿去"距离远"的地方，并想让女儿去一线城市，只是杨母自己的梦想。

在一个论坛上，一个网友想找女友，他的一个朋友发帖子建议说，一定不要找那种一直在同一个城市出生、读书和工作的女孩，尤其是工作后仍然和父母居住在一起的女孩。反过来，假如是女孩找男友，这个建议也一样成立。因为一个人从一个孩子变成一个成年人的标志，就是离开父母并赢得了自己的独立空间，这个独立，不只是经济上，也是心理上的。

这种对独立空间的渴求，其实是所有孩子的共同愿望。已不知道有多少人对我说，他们在读大学的时候，最强烈的愿望就是离家远远的。有人成功了，有人失败了，而之所以失败，原因无一例外都是父母的反对。

从心理学上看，父母反对孩子离开家，是因为父母将孩子视为了"我"的一部分。简而言之，即父母看到孩子，就觉得自己是存在的，看不到孩子，就找不到存在感了——更通俗的说法是"心里空空的"。

当孩子离开家时，也许大多数父母多少都会有失落感，但假如他们有比较清晰的自我存在感，就不会过于害怕孩子独立，反而会鼓励孩子走向独立。但假如严重缺乏自我存在感，不知道自己是谁，当孩子离开时，父母就会有严重的恐惧。所以，严重缺乏自我存在感的父母，会想尽办法阻挠孩子走向独立，他们也不想孩子和自己有任何界限，他们在追求一种幻觉——我就是你，你就是我。

杨元元不仅想去大连，而且想学海商法。这象征了对宽广世界的渴求。至于法律，法律的世界是清晰的，法律有依据、有边界，而不像心理世界那么模糊，可以随意被侵占。

对杨元元来说，当一个母亲向女儿要求存在空间时，女儿似乎无处可逃，只有服从。

如何摆脱病态的纠缠关系

去一个遥远的地方读书,这个愿望杨元元没有实现,但她将这个愿望给了弟弟。她给弟弟写信说"你以后不要听妈的……",而当同样在武汉读书的弟弟本科毕业想留校时,杨元元为弟弟树立了不容分说的目标——读北京大学研究生,后来弟弟果真帮她完成了这一愿望。

但是,这毕竟是弟弟的事情,而她的愿望却没有完成的机会了。后来,杨元元考取了上海某大学。虽然表面上两所大学差别不大,但实际完全不同。因为,到上海这种一线大城市来,首先是杨母的愿望。

杨元元去上海读书时,杨母理所当然地认为"要跟着女儿去"。当杨元元的舅舅提醒姐姐是否考虑过女儿的终身大事时,杨母回答说:"我们楼上三十好几没结婚的多了。"

去上海,和女儿睡在一张床上,这不仅是过去生活的延续,也多了另一重含义。上海是杨母的梦想,她在接受采访时说,她年轻时来过上海,喜欢这样的大都市。

杨母说,女儿自杀前感叹:"都说知识改变命运,我学了那么多知识,也没见有什么改变。"听上去,杨元元似乎在感叹在贫困中挣扎,但真是这样吗?或者,除此以外,杨元元所说的"命运"有没有别的含义?

至少,妈妈一直跟着她的这个命运是改变不了了。杨母先是和女儿挤在一张床上,还搬来了自己的生活用品,大约一个月后,杨元元同宿舍的同学主动搬走了。

杨元元的梦想有大海般宽广,但她真实的世界却无比狭小,除了母亲不再有其他。她的辅导员说,印象中杨元元一项集体活动都没参加过,"每次她都沉默地跟在母亲的背后,听她母亲说话"。

也许她根本没机会进入更宽广的世界。2001年，杨母从工厂内退休后，就搬到了女儿学校和女儿一起住。白天杨元元上学时，杨母会在学校里摆摊卖一些东西，而放学时，杨元元会帮妈妈去看摊。她的本科同学回忆，那时杨元元很少和人交往，经常说一句话就不再开口了。

对此，同学的解释是，看上去杨元元非常自卑。也许并不是自卑，而是一种很复杂的情感，有绝望和艳羡，她明白自己无法像别的同学一样进入一个更宽广的世界，在学校里摆摊、在宿舍里挤一张床的妈妈已将她的世界关闭，她似乎只能通过妈妈才能和外界有一点联系。

杨母之所以2001年才和女儿紧密地纠缠在一起，看上去和退休有关。之前，她有工作可以寄托，有同事可以交谈，但退休后，她的世界狭小了很多，也许那时她开始感到恐慌，恐慌找不到自己，恐慌自己在世界上不存在。那么，是不是通过一个读大学的女儿来证明自己的存在呢？

杨元元的生命力非常顽强，大学毕业后，她曾4次考研失败，度过了长达8年毫无成就感的不堪岁月。看起来，考上上海的研究生，这样一个身份似乎是一个转折点，可以照亮她的人生。

但是，她却在"曙光将现时谜一样退场了"。这是她的一个好友对她一生的总结。

比纠缠更可怕的是对孤独的恐惧

很多时候，妈妈会给女儿窒息般的爱，这也会导致女儿和妈妈不能分离。但还有很多时候，一个妈妈之所以能特别纠缠住一个孩子，恰恰是因为这个孩子获得的爱比较少。

比较病态的母女共生现象中，常会看到这样一个轨迹：小时候，女儿获得的爱很少，妈妈疏于对她的照顾，甚至非打即骂；随着女儿逐渐长大，生存能力越来越强，妈妈开始转变态度，对女儿有了一定程度的重视，最后逐渐重视到似乎离开女儿就活不下去了。

对于这样的故事，从妈妈的角度看，她会有很多收益，所以她会执着于这种好处而不愿放手，也不敢放手，因为一旦放手，她就要面对自己的痛苦之身。但从女儿的角度看，似乎百害而无一利，那么，为什么女儿也难以从这种纠缠中解脱出来呢？

也许很关键的原因是，比起病态的纠缠来，我们更惧怕孤独。孤独时，我们会觉得自己一无是处，没有丝毫的价值。假如最幼小的时候，经历过孤独，那么这种惧怕会尤其严重。

所以，当一个孩子很小的时候获得的爱比较少，他就必定经历过太多的孤独，那么他心中对孤独的恐惧感会很强烈。在这种基础上，他对关系的渴求也会非常强烈，而一旦某些时候获得关系，通常这意味着，父母或其他抚养者给了他一定的关注与认可，那么，他就会特别怀念这些时刻。结果，他不仅怀念这些时刻所拥有的关注与认可，也会形成一个认识——我可以通过这种方式获得关注与认可。

更进一步看，一个孩子获得的爱越少，他能获得父母的关注与认可的方式就越匮乏，而方式越匮乏，他就对自己能获得关注与认可时的方式越执着。最后他发展出一个认识——我只能通过这种方式获得关系，我只能在使用这种方式时不会孤独，我只能在使用这种方式时不必那么恐惧……

相反，假如一个孩子获得的爱比较多，那么这通常意味着，他能获得爱的方式也相对比较多，他可以使用这种方式获得爱，也可以使用那种方式，他还可以使用其他方式……甚至，假如这个孩子体验到了真爱，那么他对任何方式都不会太执着，他会非常灵活，他坚信，他的存在本身就是最有价值的，而他可以用无数种方式表达他的爱。

能达到这一理想状态，父母给予孩子的爱是一个基础，但这仍然需要一个人去独自探索。他要找到自己内在的灵性，他会明白，他与其他人、其他事物乃至整个世界是一个整体，而不是一个孤立的、孤独的存在。

据说，美国催眠治疗大师米尔顿·艾瑞克森从来没有用同一种方式治疗过两个来访者，他能如此灵活地与来访者相处，我想，那是因为他体验到了真爱。

当然，我们绝大多数人难以拥有这一理想状态。相对的是，假如我们拥有过的关注与认可比较多，那么我们就比较灵活。简而言之，获得的爱越多，我们心中越有底气。

如此一来，一个矛盾就形成了。父母给予一个孩子的爱越多，这个孩子就越有底气，这也意味着，这个孩子越不容易受父母控制。父母给予一个孩子的爱越少，这个孩子就越缺乏底气，他对自己那些可怜的方式就越发执着，于是，他们就越有可能被父母所控制。

因此，才会有母女病态共生的模式：获得爱最少的女儿，妈妈发现她最有可能听话，最容易控制。于是，随着女儿年龄的增长，她反而和女儿的关系逐渐有所改善，从非常疏远变得越来越密切，最终变成了似乎是一个人。

有人说爱的最高境界是，两个人似乎变成了一个人。但是，这种最高境界是融合的，是我的真实存在与你的真实存在相遇，我发现，你也发现，我们的存在仿佛是一回事。

所以爱的最低境界也可以是，两个人似乎变成了一个人。只不过，是这个人将自己的意志强加给对方，将对方的存在抹去。杨元元与母亲的关系，看上去很像是母亲将女儿视为自我的一部分，而女儿的真实存在她完全看不见，她以与女儿同睡大学宿舍一张床等种种夸张而荒诞的方式，将女儿的真实存在抹去。

从杨元元的角度看，与母亲病态共生的状态的确很痛苦，但也许这还不是最痛苦的，最痛苦的是对孤独的恐惧。

她梦想离开家走向独立，但是，在家以外的世界，她是否能找到自己的价值感呢？价值感，一开始总是关系中的价值感，那么，她对在其他关系中找到关注与认可，是否有信心呢？

在电影《心灵捕手》中，数学天才威尔能从堕落状态中走向新生，关键原因是，他不仅在新的世界里有女友的爱和心理医生的鼓励与支持，他的旧世界中的好友也鼓励他，甚至威胁他说，如果哥们儿以后还活在我这样的世界里，我会杀死你，你是我的期待，请你代表我，走向新的世界吧，那里才属于你。

也就是说，对威尔而言，他不仅确信前面有人爱他，而且也确信，过去唯一能给他支持的老友也仍然爱他，甚至还威胁说，你不改变我就不爱你了。那么，他还有什么好犹豫的呢？！

但杨元元呢？在家以外的广阔天地，她能否感觉到别人对她的爱呢？在家里，又有谁鼓励她离开呢？甚至她离开家，妈妈会活不下去，而弟弟也会陷入痛苦中，他们可能会因此与她疏远乃至断绝关系。那么，当她觉得世界上只有自己孤零零一个人时，她能找到存在感吗？还是，她会重新体验到儿时的那种恐惧——当没有关系时，当没有人关注与认可她时，世界好黑、好冷、好寂寞，她会死去。

我所知道的几个与妈妈纠缠得比较厉害的个案中，都有一个共同点，她们小时候很少被妈妈抱过；而能有一个人抱着她，对她说，"放心，无论怎样我都会在乎你、爱你"，这是她们最强烈的渴求。

讲到这里，就必须强调一点——不能因此就恨妈妈，因为这几个个案无一例外，她们的妈妈，在自己也是孩子的时候，一样没有得到妈妈的拥抱。所以，这些妈妈，既没有学会拥抱，内心也有一种不情愿——我没有得到的，为什么给别人？这些妈妈即便年龄很大了，她们也一样渴望拥抱，只不过，她们所渴望的，不是像妈妈一样去拥抱孩子，而是渴望自己像孩子一样被拥抱。

其实，每个男人都是一个小男孩，每个女人都是一个小女孩，他们尽管可以扮演父母的角色，但他们心中，仍藏着一个内在的小孩。所以，在夫妻关系之中，假如总是一个人扮演父母，另一个人扮演孩子，那么扮演父母的一方最终会失去耐心，因为他们也是一个孩子。

如果，我们能像威尔一样幸运，在家里有父母爱，离开家，不仅父母会鼓励，而且外面的世界还有新的爱，那么事情就太棒了。

但假如，你像杨元元一样不幸，那么，你就要主动做出许多努力，去为你的人生争取新的空间。同时，你也会教你的父母，去学习为自己的痛苦承担，为自己的命运承担。

仅仅作为一个人的存在就是有价值的

在我的课程"自我觉醒之路"中，有一个很简单的练习。一开始，两个人面对面坐在椅子上，随便聊点什么；接着，一个人站在椅子上，另一个坐着，继续聊天；接着，坐在椅子上的坐到地上，继续聊天。这样进行完一遍后，再换过来。

这个简单的练习能发现很多很多东西。最近一次课上，练习做完后分享感受时，一个学员说："当我站着，她坐着的时候，我觉得，我存在，她也存在。当我坐着，她站着的时候，我感受不到我的存在，也感受不到她的存在了。"

对这一点，我早有感觉。课间，她有时会找我谈话，但总是用带一点命令的口吻说："武老师，我有话要跟你说！"

看上去，这似乎有点不对。毕竟，我是老师，貌似很权威，一个学员怎么可以用这种口吻说话呢？但这是她的方式，这是她从小形成的与别人建立关系的方式。在她幼小的时候，当她使用这种方式时，她反而可以获得一定的爱，而她使用别的方式时，却未必。所以，她对这种方式很执着。她这样对我，并不是对我有什么不好的看法，相反，她是在用这种方式表达对我的在乎，当她这样做的时候，她是在传递一个信号——我想和你建立更好的关系。

问题是，她主要只使用这一种方式，一开始，她这样对我说话，我的确觉得有点亲切，但她每次都用这种口气，有时候我会有反感和愤怒产生。我相信，在她的重要关系中，别人也会有这种感受。

所以，她需要让自己变得灵活一些，多一些方式，对这种强势的方式不再那么执着。在课上的办法比较简单，当她坐着而对方站着时，她一开始很不适应，但她可以让自己在这种状态中多停留一会儿，看看有什么感受产生。通常，只要静下来在自己所不适应的状态中多停留一会儿，那种"我不存在，她也不存在"的恐慌感就会消失，并会感觉到一定程度的联结感。

这个练习用到生活中，就需要自己有意识地选择一些自己本来接受不了的状态，并在这种状态中多停留一会儿，仔细体会这时的身体感觉和情绪，并去聆听自己内在的声音。

所以，在咨询中，我会很关注来访者那些琐细的事情，有时一件很小的事情我会花整整一小时去聆听，并不断地问："你有什么感受？你有什么念头？"因为在很小的事情中若能找到不同的存在感，这就意味着改变已经开始了。

对于杨元元，的确如她所说，假如她当时能去大连的大学读书就好了，那样她可以离开妈妈，并为自己争取到一个独立空间。

但是，以她的情况，她一定会暴发相当严重的心理问题，当她发现难以在新环境中拥有关系中的价值感时，她会很难过。不过，这时就意味着有自我治疗的机会，而她最后会发现，她并不是非得要通过承受别人的痛苦而与别人建立关系，她可以拥有其他方式。其实，她甚至什么都不需要做，她仅仅作为一个人的存在就是极具价值的。

假如你处在类似杨元元的状态中，你想获得解脱。那么，我建议，不要通过考大学、结婚、找工作等重大方式来为自己争取独立空间，这不仅对父母来说难以承受，对你来说也是极大的挑战。

你可以先从很小的事情开始，先从日常生活中很小的细节开始。当你这样做的时候，父母不会觉得太难过，而你遇到的挑战也小很多。

任何行为都有两个层面的内容：事实和态度。通常，你可能会认为，要通过一个很严重的事件来表达你很严重的态度。这时，其实你是非常没有底气的，你可能根本不敢表达你的态度，所以想通过一件重大的事情来表达你的态度。假如是这样，你可以先好好准备，然后通过很小的细节来传递你寸步不让的态度。

譬如，父母连怎么放水杯的事情都要管，那你可以从这种小事开始。我一个朋友 27 岁时，一次回到家里，把水杯放到书桌一侧。他的爸爸过来说："你怎么可以把水杯放在这儿呢，应该放在那儿！"他爸爸边说边把水杯放到了另一侧，但我这个朋友知道，假如他先把水杯放在另一侧，那么他爸爸会说同样的话，并把水杯摆到那一侧。

他们是一种轻度的父子共生，也是从 27 岁开始，他试着打破这种状态，一个关键性的举动是，他给自己房间加了一把锁。这让一直好脾气的父亲暴跳如雷，但他坚持自己的做法，而从此以后，改变开始了。

给自己房间加一把锁这样的做法也许太严重了，其实，他完全可以就从那个水杯开始，温和而坚定地坚持自己的做法，无论父亲怎么不高兴或强势，自己仍然温和而坚定地坚持自己的做法。那么，这样一件小事，就会有里程碑式的价值，因为他从这件很小的事情中传递了很强烈的态度。

这样的小事不需要做太多，通常做上两三件，就已经非常具有价值了。

试试看，也许你会因此开始新的人生，虽然没有威尔那样的祝福，但你仍然可以独自走上通向奇迹的路程。

做强人父母的孩子，并不是那么容易

"富二代"一直是新闻的焦点。

2014年4月5日，在成都，因车主涉嫌超速行驶，法拉利、玛莎拉蒂等豪华跑车共26辆在成南高速被警方拦下，如此多的豪华跑车汇集在一起的照片一时传遍网络；6日，这备受争议的26辆豪华跑车再次出现在成南高速上，以每小时210公里的平均速度仅用13分钟就跑完了45公里的路程。据报道，这些跑车来自全国各地，车主是清一色的"富二代"。

12日，在福州一家KTV，"富二代"王某调戏19岁的少女小肖，遭拒后大打出手，令小肖牙龈撕裂，牙齿脱落一颗，整排牙齿松动，右下颌骨骨折。

13日，更恶劣的事情发生了。在重庆江北茂业百货，一个男青年持双刀将自己穷追无果的一个女大学生砍死，据称该青年家境富裕。

最受瞩目的"富二代"是杭州富家子弟胡某，两个月前，他涉嫌在闹市飙车而将风华正茂的浙江大学毕业生谭某撞死。事发时,他将谭某撞得飞起5米高,飞到20多米外。而且,更恶劣的是,事发后一些富家子弟在现场谈笑风生。

15日,胡某案在杭州开审,胡某当庭否认自己飙车,这再度激发了全国网民的愤怒。

"富二代"到底怎么了?这些新闻主角有着什么样的心理?

最近,一个多年未见的朋友来广州出差,我们好好聊了一次。

他是为自己家族的企业出差。刚认识他时,我们都还是少年,那时记得他一方面很豪爽也颇有侠气,另一方面很爱油嘴滑舌。但现在出现在我面前的,是一个看上去特别稳重的中年人。

我们先是聊到当年的往事,最后聊到了他现在的境况。他说,自己现在经常找个理由就出差,因为在家里经常感觉无事可做,如果真想做事,就会免不了和老爸因为意见不合而起冲突。他说老爸控制欲很强,希望家族企业完全按照自己的意思运作,他插不上手,所以只好乐得逍遥。

虽然认识了他很多年,虽然他很爱说话,但对于家境如何,他口风很紧,我们的朋友中没有人知道他的家底。但不管怎么说,他至少看起来不会是败家的那种,因为他很节俭,出差住的都是很一般的宾馆,比如在广州住的是100元左右一晚的宾馆。虽然他嘴上说出差是为了乐得逍遥,其实他只办事不游玩。

不过,我想,他的故事仍可以说明,为什么"富过三代"是一件很艰难的事,其核心原因是,父亲和儿子如何相处,是一件很难的事情。或者更普遍的说法是,控制欲强的父母该如何和孩子相处,是一件很艰难的事。

强势父母的孩子容易制造麻烦

杭州飙车案发生后,在网上流传的现场照片令我震惊到极点。照片显示,在事发现场,胡某的伙伴中,有人一边抽烟一边谈笑风生。这太可怕了,如此放松,如此无所谓。

这件事本身,以及事情后来的走向,引起了我极大的恐惧,因为这令我担忧,在一部分人眼里,最基本的道德和秩序都将不存在。

在这种恐惧的驱使下,我看了当时网上关于这一事件的几乎所有资料。当我看到胡某登长城的照片和其父亲的照片时,我不由得松了一口气,因为这两张照片令我明白,这件轰动一时的事件,其核心可能还是一个个人事件。

胡某登长城的照片中,我没有看到一丝嚣张,相反看到了一些木讷。尤其是,他的眼神看上去很空洞,透露着一种说不出的空虚。相反,他父亲从照片上看起来,十足是一个自信的强人。

这两张照片令我想起以前我对一位父亲说过的一句话:强人的孩子制造麻烦,有时是对强人父母表达一个特殊的信号,你们不是无所不能吗?我看看,这件事你搞得定不!

我在工作室接待过一位父亲。这位父亲是一个强人,他希望我能帮他处理好儿子的事。他说,他的事业根本没有问题,因为不管企业遇到任何问题,他相信自己都能处理好,对此他有很自信的感觉。但最令他头疼的是儿子,他十几岁的儿子不断闯祸,闹出各种各样的事情来,而且随着年龄的增长,闯的祸也越来越大。尤其是,他越是担心什么,儿子就越是闹出什么问题。

他讲了好多件儿子闯祸的故事，我发现一个规律，在他和妻子或他们请的人没有出现前，他儿子闯祸的程度都比较低，而且至少一半时候是无心的。一旦父母或父母请的人出现，他儿子闯祸的程度会进一步提升，并且情绪会变得更激烈。

我将这个发现告诉这个强人，他听后有些吃惊，说他的确感觉到，儿子好像是通过闯祸给父母制造麻烦，但他没敢肯定这是真的。如果说这的确是真的，那么儿子为什么要这么做呢？

我给出了前面那个答案。

每个人都想在关系中寻找价值感

生命中最基本的一对矛盾是，每个人都想找到自己的价值感，而且这种价值感总是要在关系中寻找。

这样一来，假如我的高价值感"我很棒"是建立在别人的低价值感"你很差"的基础之上，这就对别人造成了伤害。

所以，存在主义哲学家们才说："他人即地狱。"

例如，在父母和孩子这一个最常见的人际关系中，父母和孩子都想寻找价值感，而且都是想在彼此的身上寻价值感，但假如父母的高价值感"我很能干"是建立在孩子的低价值感"你什么都做不了"的基础之上，父母就对孩子造成了伤害。这种关系越彻底，父母就越是孩子的"障碍"。

亲子关系的一个难题是，乍看上去，孩子的确什么都做不了，而父母也的确像"无所不能"。当孩子越小的时候，父母越是无所不能，对孩子而言就越好。例如，对孩子特别敏感的妈妈，能够凭感觉捕捉到孩子的种种需要，别人只能听见孩子在哭，而这样的妈妈还能听出这些哭声不同的含义，从而可以在第一时间满足孩子的需要。

所以，心理学家们会说，在孩子1岁前，没有过分的爱这回事，父母对孩子越好，对孩子的帮助就越大，越容易给孩子建立起健康心理的基础。

然而，假如孩子到了两三岁后，父母还是对孩子大包大揽，就阻碍了孩子的发展。孩子明明觉得，自己长大了，能力增强了，很多事情都可以做了，但父母一方面不给孩子做事的机会，另一方面还不断否定孩子，总是对孩子说"你不行"。

的确，有多少孩子在小时候能强过父母呢？如果说到智商，我们现在的孩子基本上都比父母强。但大人们好像不怎么看重这个，大人们看重的是实际的能力，在这些实际的能力上，孩子的确弱于父母。

尤其是，如果你有强人父母，就更是如此。不仅在亲子关系中，"父母行，我不行"这种感觉会一再被重复，在其他所有关系中，别人也都会这么看。

可以说，做强人父母的孩子，并不是那么容易。如果你认为实际的利益是唯一重要的，那么强人父母就是完美选择。但是，假如你认为，精神上的好处也同等重要甚至更重要，那么强人父母就可能会带来巨大的挑战。

这个挑战的关键在于，强人父母的内心逻辑是怎样的。如果强人父母内在的关系模式是"我行，你不行"，那么，这个挑战就很难逾越。

没有人喜欢低下的自我价值感，当强人的孩子发现，他们无法通过超越父母而提升自我价值感后，他们就可能采用另一种方式——通过降低父母的自我价值感以缩小自己与父母的价值感的差距。

于是，就会出现这样的现象：强人的孩子给父母添乱。

福州的"富二代"王某，因调戏少女不成而大打出手。事情发生后，可以看到，其父母动用了一切办法帮助儿子，甚至假扮受害人小肖的家人对警方说，他们已决定和王家私了。

这样的父母，可谓"神通广大"。但他们可否知道，他们的"败家子"之所以败家，之所以乱来，而且乱来得非常没水平，其原因就在于他们在儿子面前无所不能。

杭州飙车案的肇事者胡某，他之所以在法庭上否认飙车，也许有着同样的意味。假定他的父母有那么大的影响力，他最好低调一些，毕竟随着时间的流逝，公众可能会逐渐遗忘这一事件，起码怒气会削弱。

而他在法庭上再次引起众怒，很可能其真正的动机对准的并不是公众，而是他神通广大的父母。你们不是说我不聪明吗？我现在就不聪明一下，看看你们该如何搞定。

对于胡某案，我这仅仅是猜测，我不是学法律的，不懂得胡某在法庭上的这番说辞是否为了获得较轻的惩罚，但一想起他在长城上木讷的神情，又想到他多次的极速飙车，脑海里就出现一句话——或许他自己想放弃。

因屡屡惹出众怒，"富二代"某种程度上在网上成了过街老鼠，到处都有人对他们喊打甚至喊杀。不过也有分析家称，大家不用太生气，不妨心平气和一些，因为照他们这种表现，他们自己未来的日子并不好过。

我们都知道"富不过三代"，财富和财富能力如何传递下去，是个世界级难题，英文对此有一句俗话"Great men's sons seldom do well（意译为'伟人的孩子难成器'）"，葡萄牙有"富裕农民——贵族儿子——穷孙子"的说法，西班牙也有"酒店老板——儿子富人——孙子讨饭"的说法，德国则用3个词"创造、继承、毁灭"来代表三代人的命运。

甚至财富能否维持一代都是个难题。摩根大通投资银行通过对《福布斯》杂志最近20年的全球首富排行榜进行研究发现，在400位曾进入过全球富豪排行榜的名流中，只有1/5能够维持其地位。统计还表明，这些有钱人的风光场面通常都维持不了20年。

这到底是为什么？从胡某案开始，我就一直在思考这个问题。最近我想，可以从"巴甫洛夫的狗"身上找到答案。

巴甫洛夫是苏联著名科学家，他拿狗做实验，结果提出了著名的"条件反射"的学说，对心理学有着极大的影响。

他通过实验发现，如果给狗喂食前发出一个铃声，那么几次后会发现，仅仅通过铃声就可以令狗产生进食前的反应，譬如分泌唾液。这就意味着，铃声这个条件和食物这个本质事物一样，可以诱发出狗的进食反应。

从好的方面看，这是一种学习，即狗学习到，听见铃声就可以预见食物到来。

但从坏的方面看，这是一层迷雾，如果狗对这个条件反射过于执着，它最终会犯一个错误——将铃声和食物混为一谈。

如果将食物换成价值感，而将铃声换成财富，就是强人家庭的故事了。本来，财富带来了自我价值感，这种感觉是如此美妙，但久而久之，一个人或一个家族可能会迷失，认为财富才是答案，而遗忘了自我价值感才是最重要的。

于是，这个家族可能就执着于一点——钱的多少是最重要的。

不仅如此，条件反射有初级条件反射，还有第二级条件反射，乃至第三级条件反射，等等。假如一条狗始终在一个地方，用同一种模式进食，那么它最终可能会认为，周围的一切条件都是它获得食物的预言。于是，它可能会对这些条件都执着起来，这样一来，它会离食物这个本质更为遥远。

放到一个强人家族，其第二级条件反射、第三级条件反射乃至更多级的条件反射就可能是，那个创始人创造财富的方式就是答案，那个创始人的所有言行就是答案，那个创始人的一切风格就是答案……

结果就是——强人迷失了，强人的孩子也迷失了，他们离财富能力越来越远，离自我价值感越来越远，离生命的本质更是越来越远。

找到自己生命存在的方式

从根本上，每个人都想做自己，所谓做自己，就是用自己的方式找到生命的意义。对此，我特别喜欢以色列哲学家马丁·布伯的一段话：

你必须自己开始。假如你自己不以积极的爱去深入生存，假如你不以自己的方式为自己揭示生存的意义，那么对你来说，生存就依然是没有意义的。

放到强人家庭，也许强人已经通过自己的方式找到了生存的意义，或起码说，他通过自己的方式找到了挣钱的办法，他因而成就了他自己。但是，作为强人的孩子，他们也必须通过自己的方式找到挣钱的办法，而不能仅仅通过拷贝父母的方式。

实际上，在我看来，很少有孩子愿意拷贝父母的路，孩子会天然地对父母认同，不管父母是否优秀，孩子都会自觉不自觉地认同父母。假如父母优秀的话，孩子认同父母的自觉程度会更高一些。但是，孩子的认同主要是个性上的认同，而在人生道路上，他们每个人都希望做自己。

然而，在强人的家庭中，很多孩子未必有这份幸运。

很多强人都迷失在条件反射的重重迷雾中，他们太成功了，结果不仅热爱成功这个结果，也热爱——经常是更热爱——自己走向成功的方式。所以，他们希望自己的方式能传递下去，而传递的方法就是让孩子全盘接受自己的这些方式。

他们这种愿望越强烈，他们的财富对孩子来说越可能是一个诅咒。因为从本能上，每个人都知道，他们的方式只是条件，但不是财富的本质，更不是生命的本质。

如果强人父母懂得这一点，鼓励孩子们找到自己的生命存在方式，找到自己挣钱的办法，那么孩子就没有这种诅咒。但假如强人父母非常渴望孩子不仅继承财富，也要继承自己的那一套生存方式，那么孩子的内心就会被劈成两半，这一半是想做自己，而那一半是被迫走父母的路。

分裂太严重，就可能导致自毁。日本战国时代，武田信玄被誉为"第一兵法家"，他按照自己对《孙子兵法》的领悟创办了骁勇善战的骑兵，而武田家也成为势力最强大的诸侯之一。但他死后，他儿子武田胜赖很快将武田家带向了穷途末路，在决定性的长篠之战中，他让武田家骑兵主动攻击敌人躲在栅栏后的使用步枪的士兵，结果全军覆没。并且，非常重要的一个细节是，当第一支部队全军覆灭后，他又驱动第二支部队送死。第二支部队徒劳无功地覆灭后，他又驱动第三支去送死……

他这样做，在我看来，是在发泄一种情绪：父亲，还有你的那些幕僚，你们都说我不如你，都要我按照你的做，这是真的吗？这是我的宿命吗？那就实现这个注定无法摆脱的宿命吧！

在我看来，如果一个家族所追求的是将创始人的精神传递下去，那么能传递三代已经是非常不错的结果了，因为这意味着，第二代和第三代必须牺牲做自己的生命诉求，而去成为父亲或祖父的影子。这意味着，他们不存在。

假如创始人想传递的东西本来就不怎么样，那么第二代就开始败家，实在是再正常不过的结果了。

所以，生命意义这样的东西，并不仅仅是虚幻，恰恰相反，它是最重要的东西。

你的个人意志是否存在

没有个人空间的生命为何脆弱

2001年,我刚离开北京大学进入《广州日报》工作,遇到了一些困惑。我开始思考管理问题并想到了两个概念——权力空间和生活空间。所谓权力空间,是工作中的概念,即一个员工在其岗位上说了算的空间。所谓生活空间,专门针对工作而言,即不受工作影响的私人生活领域。

权力空间很重要,因为假如一个人的权力空间很窄甚至根本不存在,那么也就意味着这个人在工作中沦为了其他人意志的傀儡,而自己的意志根本得不到伸展。生活空间更重要,因为工作领域和私人领域的核心规则是不同的,工作领域的核心规则是权力,而私人领域的核心规则是珍惜。假如生活空间受到了工作空间的严重侵袭,那意味着自己的心将忽视甚至忘记爱与珍惜的滋味,仿佛整个世界只剩下了权力,那时自己就会变得悲观、偏执乃至绝望。当时,我刚进入《广州日报》工作不到一个月时,我感觉到非常不解,报社为什么要招大学毕业生呢?因为那时我们的工作相当机械,一个高中毕业生甚至初中毕业生就可以搞定。

当时我做编辑,负责一个版面的稿件与图片的选择、设计和剪辑,但这都被我们极其勤劳的主任搞定了。

那时主任的工作很辛苦,他负责安排好每一个版面的稿件与图片,还用尺子精准地在格子纸上设计好了版面,如每一篇稿件和图片放在什么位置,具体大小是多少,还有像打标题这样的工作,也是主任做的。

我们的部门主任恰恰是我北大的师兄,他的能力出类拔萃,版面设计能力很强,尤其是打标题,经常给人画龙点睛的感觉,不佩服不行。

然而,这样工作了短短二十多天时间,我痛苦起来,整个版面都是他的意志,我的意志在哪里呢?没有我的意志参与,这还是我的工作吗?我不过是一个木偶而已。

你的意志是否存在,这在任何一个领域都非常重要。存在主义的大师们如萨特、加缪和尼采都称,生命的意义在于自由,而选择就是自由,如果你有选择的机会,那你就是自由的,你的生命就是有意义的;但假如你没有选择的机会,你只是去执行别人的意志,那意味着你的生命没有意义、没有价值。这样的日子一长,你的精神生命会日益衰弱。

因为这种感受,我想到了权力空间的概念,具体到我身上,我认为,我既然是一个版面的编辑,那么这个版面上就要有我说了算的权力。于是,我不理会主任的设计,而是自己设计版面,除了稿件是否选择到这个版面上以及头条是哪篇稿我完全听主任的外,其他如稿件做多大,照片用哪幅,以及版面如何设计等,我都自己来。

"自己来"的结果是,我做的版面别具一格,而我的师兄一见到我这样做会有这么好的效果,就立即改变了做法,鼓励每个编辑都按照自己的意志来设计版面。

这种改革的效果立竿见影,我们部门一下子成了全报社版面最漂亮的部门。这可以看出,让员工有自己说了算的空间是何等重要,那样才可以让每一个人发挥出自己的创造力甚至活出自己的风采,而一个部门也会获得效益。同时,领导也会变得轻松很多。

每个人的天性都是做自己,即按照自己的意志活着。但是,当身边所有人都对你说,权威的意志强加都是为了你好,你就会晕掉,会否认自己本能性的抗拒,会接受这种被美化的强加。同时,你的生命力就会脆弱乃至衰竭。

我们的85后、90后乃至未来的00后,他们的幸运之处是有更好的物质条件和更多的关注。他们的不幸之处是,他们身处于1个孩子和6个大人(父母、祖父母与外祖父母)的可怕格局中。假如这6个大人都想将自己的意志强加给他,而他又不能抗争,他的生命就会无比脆弱。

对于我们绝大多数人而言,需要很高的觉知,努力找回正在失去的自己,并且要有很清晰的意识,不被任何美化顺从的思想欺骗甚至诱惑。

美国政治学家埃里克·霍弗在他的巨著《狂热分子》中说得很好:如果一个人觉得自己是可鄙的,他就会狂热地去攀附一些宏大的东西,那样就可以不去面对可鄙的自我了。

这些可鄙的自我最好不要过日子,一旦要过日子,一切就会变得艰难起来,甚至连配偶和孩子都不接受自己。

譬如日本一部影片《大盗石川五右卫门》,讲的是两个忍者杀手和"皇帝"们的故事。这两个杀手经过几次犹豫后,最终还是杀死了盗取天下的丰臣秀吉,但这个过程中,他们也曾想将自己的生命祭奠给天下。

最终他们没这样做的重要原因是他们有爱情。

爱情很伟大,因为爱情难以被什么名义欺骗,比爱情更伟大的,是过日子。或者说,一开始的爱情很容易是幻想,而过日子中的爱情才是真实的。有两个可鄙自我的人,可以有梦幻般的爱情,但却无法拥有过日子的爱情。

其实,要想拥有过日子的爱情很简单,办法是,尊重你的自由意志,尊重对方的自由意志。

溺爱的心理真相

我小时候，我们那个小县城里有一个疯子，他有一个毛病，只要有许多人围观他，故意气他，他就会把自己的头往墙上撞。结果，三天两头都有人结成一伙，故意气他，看他的笑话。大家一直要看到他把头撞得血肉模糊，这才一个个咂巴着嘴，心满意足地各自走散。

——天涯网友"啃咸菜谈天下"

"疯子！不可理喻！"
"精神病！咎由自取。"
"自作孽，不可活。"
…………

2007年，杨丽娟父亲杨某跳海自杀后，这一匪夷所思的悲剧在互联网上点燃了一场空前的口水大战。在这口水战中，绝大多数人站在杨家的对立面，对杨家三口进行口诛笔伐，而少数同情杨家的论调则淹没在批评者的汪洋中。

　　这种论调，我见过。2005年底，某歌星的歌迷在其演唱会上闹自杀，一样在互联网上掀起了舆论的狂飙。并且，和杨家一样，歌迷遭遇的也是批评远远多于同情。

　　这是为什么？2005年的歌迷事件中，他其实是在没有人爱后才迷上那位歌星的，在身体偏瘫而无处求助后才开始渴望其成为他的拯救者。他的人生境遇非常悲惨，他也是这个事件中唯一的受害者，但他却遭到了狂风暴雨般的批评和攻击，而获得的同情却相当微弱。

　　杨丽娟事件中，杨家也是唯一的受害者。大多数媒体引用了专家看法，称杨丽娟和父亲应该都有心理疾病，其境遇比那位歌迷还悲惨，但他们收获的抨击看来比那位歌迷多得多。

　　思考这个问题时，我想起了中山大学教授刘小枫曾经说过的一句话："人在道德上根本就是一个瞎子，怎么可能为另一个人做道德指引？"

　　刘小枫用"瞎子摸象"的寓言故事比喻说，我们宛如瞎子，瞎子只触摸到了大象的部分肢体，却认为自己摸到的才是正确的，然后对其他瞎子的看法大肆抨击。我们也一样，我们只是明白了部分道理，却依据这部分道理，对歌迷和杨家大肆抨击。仿佛是，仅仅因为他是"追星狂"，而杨丽娟不仅是"追星狂"，而且还是心理病人，于是我们就可以更加理直气壮地像个圣人一样抨击他们生命的缺陷了。

　　刘小枫的话过于简单，我愿意通过心理学的视角来探讨一下：我们这些忙着做抨击者的人是不是"瞎子"，以及，我们究竟有没有资格抨击杨家。

爱主要是从童年与父母的关系中学来

要谴责一个人，我们必须弄清楚，那个人有没有错。在这一事件中，杨丽娟和父亲是最容易被攻击的对象，因为他们是这一事件的发起者。杨丽娟追星追到"不孝"的地步，而杨父则用自杀胁迫了明星。

那么，先来讨论第一个问题：杨丽娟应该为她的"不孝"负责吗？

在广州红树林心理咨询中心，我参加过一个心理医生的沙龙，话题就是杨丽娟事件。

讨论到最后，我们一致认同：杨丽娟有严重的心理问题，而导致这一恶果的原因是溺爱。

一个人怎样才能有爱的能力？我们能否想爱就去爱？

答案是否定的，爱是学来的，且主要是从童年与父母的关系中学来的。一个孩子6岁前与父母的关系模式，最后被他内化到心灵深处，并最终令我们的心中有一个"内在的父母"和一个"内在的小孩"，这两者的关系模式在很大程度上决定了一个孩子能否有获得爱的能力。

我们常说，一个人爱另一个人。但其实，那是这个人将自己这个内在的关系模式投射到了他现在与另一个人的关系上，如果"内在的小孩"与"内在的父母"彼此相爱，那么他就能与另一个人相爱。

"内在的小孩"怎样才能和"内在的父母"相爱呢？这有一个前提，即孩子童年时，父母要爱他，但同时又自爱，这样就需要告诉孩子，尽管父母爱他，但他们和他一样都是独立的人。这样一来，这个孩子内心的关系模式就是平衡的，他懂得了爱的另一面是独立的，不管你多么爱一个人或那个人多么爱你，你和他都是独立的人，你应该自爱，也应爱人如己。假如这个内在的关系严重失衡，那么一个人爱的能力就会出现问题。

对于杨丽娟而言，她得到的是严重的溺爱。也就是说，她的心中，那个"内在的小孩"是强大的，但"内在的父母"却是虚弱的，"内在的父母"只是无限制地满足"内在的小孩"的工具。换句话说，在这个关系模式中，只有"内在的小孩"是主体，而"内在的父母"是客体，是"内在的小孩"实现自己欲望的工具。

简单而言，有这样内在关系模式的人，他的心中只有他自己一个人是值得尊重的，其他人都是他实现自己欲望的工具。

这在杨丽娟事件中体现得淋漓尽致。为了满足女儿追星，杨父先是花光所有积蓄，后来卖了房子，再后来准备卖肾，最后则跳海自杀。女儿的欲望不过是渴望见明星，但杨父却为此付出了一切。仿佛，他不是一个可以尊重的人，而是女儿实现自己欲望的一个微不足道的工具。

然而，杨丽娟能为此负责吗？显然不能，因为她没有爱的能力，恰恰是她的父母严重溺爱造成的恶果。这并非是杨丽娟的渴望、杨丽娟的选择。

当我们谴责杨丽娟为什么不孝顺时，我们其实就是一个瞎子，没有看到一个基本常识：有没有爱的能力，不是自由意志的结果，而是由一个人的成长环境所决定的。杨丽娟的成长环境大有问题，所以她没有发展出爱的能力，现在她即便有孝顺的愿望，她也做不到了。

杨丽娟的无止境地追星，显然可以归因到她的父母对她的教育方式上来。这就引出了第二个问题：杨丽娟父母，尤其是杨父是否该为杨丽娟的追星负责？

父母溺爱孩子，或许是因为自己渴望爱

杨丽娟和父母的关系模式是严重失衡的，杨母的资料太少，我不能做判定，但杨父显然是一直围着女儿转的。

他为什么会这么做？广州华侨医院的孟宪彰教授说，这很可能是因为，杨父自己小时候获得的爱太少。

意思是，在杨父的内心模式中，他的"内在的小孩"很可能只是满足"内在的父母"的工具。简单而言，就是杨父小时候可能获得的爱太少，这让他的"内在的小孩"一直处于爱的饥渴状态。

那么，这样的男子一旦做了爸爸，而且是39岁才做爸爸，他会如何做呢？最容易想象的一个局面是，他会百般宠爱那个真实的小孩。其实，他宠爱这个真实的小孩时，他是将自己的那个对爱严重饥渴的"内在的小孩"投射到了女儿的身上。看起来，他是在百般溺爱女儿，实际上，他是在满足他的"内在的小孩"。最终，杨丽娟被溺爱过头了。

我们还可以设想，一旦杨丽娟做了妈妈，又会如何呢？非常可能的局面是，她根本不知道怎么爱孩子。于是，她的孩子像姥爷一样得到的爱太少，于是他的"内在的小孩"一直会处于爱的饥渴状态。等他有了孩子，他又像姥爷溺爱妈妈一样，溺爱他的孩子。

这是一种常见的"隔代遗传"：第一代人得到的爱太少，于是溺爱；第二代人得到的爱太多，于是只知索取；第三代得到的爱太少，又溺爱……

杨丽娟被严重溺爱，其结果是，她的世界里只有自己没有别人；杨父严重缺乏爱，其结果是，他的世界里只有别人没有自己。后一点，我们不只能从他与女儿的关系上看到，还可以从他和妻子的关系上看到。

杨父的妻子对媒体说，杨父一直很爱她，而她则从未爱过他。邻居则反映说，杨父对妻子和女儿都是小心翼翼的，生怕惹她们不高兴。

由此，通过杨父与妻女的关系模式可以推断，杨父极可能对自己的妈妈也是小心翼翼的，他现在只是把与妈妈这个生命中第一个重要女性的关系模式，转移到他与妻女这两个重要女性的关系模式上而已。

看上去，杨父有太多地方可以被谴责，他最后的跳海举动更是招致非议，有媒体认为，杨父这叫作"利己"自杀。

然而，孟宪彰教授说，问题的关键并不在最后的举动上，而在于杨父与女儿的关系模式上。女儿一生下来，他对女儿就是百依百顺，要什么给什么，那么当女儿说，她最重要的愿望就是接近那位明星时，你不能指望，这个爸爸忽然可以悬崖勒马了。相反，他只能是控制不住自己地帮女儿实现愿望，直到耗尽他的所有能量。

这个沙龙持续了 3 个小时，8 名心理医生和我没有谴责过杨家三口一句，因为我们都知道，他们这样做，是因为他们心中都有一个病态的关系模式，而这个病态的关系模式，他们自己不是原因，他们的上一代亲人才是原因。

即便如此，我们 9 个人也一样是瞎子。或许，因为专业的缘故，我们摸到的"象"更多一些，然而我们仍然绝无可能摸到"象"的全身。

我们为什么如此热爱做看客

我看了很多互联网上的读者评论，发现所有对杨家报以同情的，几乎无一例外都受到许多攻击。一个新浪网友则写了一篇长文，宣称杨家

不值得同情,他写道:

> 可怜之人必有可恨之处,所以我不会成为可怜人,而我也不会去可怜别人,当然这不表示我不去帮助别人,我只帮助应该得到帮助的人,而不是这样愚蠢的人。希望我身边的人都能成为生活中的强者,能够为身边的人带来快乐和幸福,而不是无尽的烦恼。

这真是奇怪的逻辑,再往下推就是:弱者该死,强者万岁。但这种逻辑却受到了众多人的喝彩。

这种不肯帮把手而且还恨不得落井下石的看客心理,鲁迅先生曾精彩地描绘过。不过,他小说中的看客都是表情麻木,而现代看客则要生动得多,但骨子里仍然是一致的。在讨论杨丽娟事件时,天涯网友"南京田林"对此描绘说:

> 我只知道有一些人的心态是,别人比自己好了,嫉妒,比自己差了,在外面嚼舌嘲笑,特别期待别人闹笑话、出丑。

为什么会有如此残酷的看客心理,我想可能至少有两个原因。

一、我们都为别人活着

我们为别人活着,很容易引出一个问题:我既然为你活着,你就要为我做出个样子来!也就是说,我要紧紧地盯着你,看你是否配得上我的付出。

有人认为，父母是不能为自己活着的，父母应该都为孩子而活。这看似不错，但这种逻辑的另一面，是父母对孩子的要求也非常高，并且父母会紧紧地盯着孩子，看看孩子是否会辜负自己的期望。一旦看到不符合，父母对孩子就会非常挑剔。

对这一点，在我回老家农村时体会非常深。有的客人聚在一起，很少谈自己的前途、规划或事业，而多是东家长西家短，仔细琢磨的话，差不多都是一个逻辑：我对某某好，但某某对我不如对另一个人好。

并且，一旦有了众所周知的丑闻，每个人都开始挑剔，对其大加挞伐，而很少有人能够站在丑闻发生者的角度，看到他们有多痛苦。

这种关系模式延伸到杨丽娟事件中，就是我们都紧紧地盯着杨家三口，看看他们的行为是否符合社会规范。如果看到不符合，我们也会变得非常挑剔。

如果按照"内在的小孩"和"内在的父母"这个关系模式来看，我们这种你为我活着我为你活着的活法，必然意味着关系的不平衡，要么是"内在的父母"太强了，要么是"内在的小孩"太强了。结果，我们都缺乏爱的能力。

二、我们的是非观过于简单

刘小枫说，是非观太简单是很多人的通病。任何一个事情，我们都要找出一个施害者和一个受害者，即一个好人和一个坏人来。

但是，歌迷那样的事情，谁是好人谁是坏人？杨丽娟事件中，谁是好人谁又是坏人？互联网的舆论风暴大致将歌迷和杨家归为了坏人，而将某歌星和杨丽娟所追的明星归为了受害者。但两位名人谈不上是受害者，因为歌迷和杨家只是给他们施加了一点压力，并不能给他们造成具体的损失。

实际上，这是两场孤独的"表演"。我和歌迷聊过很长时间，他说自己以前根本不了解接近歌星是那么难，如果一开始就知道，他是无论如何都不会那么做的。

杨家也是如此。杨丽娟也说，如果她知道一步一步会走到令父亲自杀这个地步，她绝对不会这样走的。其实，就算走到父亲自杀这一步，她和妈妈又能做什么？她们仍然不能加害任何人，其实她们最终所害的只是她们自己。

像这样的事件，我们不能再套用那种简单的伦理体系，我们必须看到，这是一种自闭的事件，孤独的事件，歌迷和杨家是施予者，的确有人因此受害，但受害者不是别人，恰恰是他们自己。这样的事情中，没有好人也没有坏人。

三、我们能做什么

每当有人对杨家表示同情时，会有人跳出来说，同情有什么用，有本事你去帮他们做点什么。

在我们的一生中，我们会与无数人相遇，绝大多数情况下，我们都将只是彼此生命中的过客，未必能给对方带来具体的什么。

但是，我们可以给对方减少一点冰冷，增添一点温暖。

很多很多时候，对一些悲剧的承受者，你什么都做不到，但只要如天涯论坛的网友"松风听竹"所说，有"一点慈悲和一点宽容"就够了。

与自己的感觉保持链接

很久以前,我就下定决心做一个不合时宜的人,现在的人们努力顺应时宜,所以大部分人不够性感。

——英国时尚设计师亚历山大·麦昆

2010年,英国时尚设计师、Gucci创意总监亚历山大·麦昆在他于伦敦住所的衣橱间内上吊自杀,时年40岁,令世人震惊。

麦昆一方面被誉为"英国时尚教父",另一方面又被称为"坏小子"。他的设计惊世骇俗,总是在"最诡异、最恶心"的地方找到灵感,是时尚界罕见的"鬼才",这一点淋漓尽致地体现在其成名作中。

他死于2月11日,之所以选择这一时间,是因为第二天就是他妈妈的葬礼日。

为了试图理解麦昆的故事,我读了大量关于他的报道,但最后,我发现最吸引我的地方,反而是文章开头的那句话,这句话,不能揭开麦昆的死亡之谜，但或许是理解麦昆恣肆的创造力和魅力的一把钥匙。

安娜·卡列尼娜的爱情悲剧是为了什么

麦昆这句话所揭示的道理，在文学作品和现实生活中随处可见，最著名的例子当属俄罗斯文豪列夫·托尔斯泰的小说《安娜·卡列尼娜》。

安娜·卡列尼娜是皇室后裔，她的丈夫亚历山大·卡列宁其貌不扬，但是一个地位显赫的官僚，"完全醉心于功名"。当安娜与有十足魅力的青年军官沃伦斯基偷情后，卡列宁表示，他并不在乎安娜与别人相好，但他在乎的是这件事"被别人注意到"。他似乎没有感受到撕心裂肺的疼痛，也没有被背叛的愤怒，他在乎的是妻子的行为不道德，尤其是引起了很不好的社会舆论。

卡列宁想过与沃伦斯基决斗，但又怕死。他想离婚，但又担心名誉受损，最后决定"不能因为一个下贱的女人犯了罪而使自己不幸"，于是他希望安娜维持与他表面的夫妻关系。

安娜·卡列尼娜是一个充满激情的女子，她讨厌丈夫的虚伪，最后毅然决然地不顾世俗议论和利益得失，而与沃伦斯基走到一起。

然而，沃伦斯基尽管有十足的魅力，却没有担负责任的决心，并且他和卡列宁一样承受不了舆论的压力，同时也在乎因名誉败坏而失去的利益，最后疏远了安娜。安娜绝望了，最后她身着一袭黑天鹅绒长裙，在火车站的铁轨前，让呼啸而过的火车结束了自己的生命。

从表面上看，卡列宁属于似乎无可挑剔的男人，他地位显赫、温和可亲、性情宽厚且很顾家，安娜背叛卡列宁而找类似浪子的沃伦斯基，实属自找苦吃。

然而，卡列宁这个好男人，他会让安娜心动吗？

什么是心动？一个男人凭什么令一个女人心动？或者，反过来说，一个女人又凭什么令一个男人心动？

是条件吗？

本科毕业时，我写毕业论文的时候看了大量文献，了解了一个理论"婚姻市场论"。这个理论认为，婚姻是一个市场，每个人都有不同的婚姻市场价值，我们都是根据自己的婚姻市场价值去找与自己价值相当的配偶。

只是，婚姻市场价值能解释心动吗？依据我的研究，男人女人都是首先最看重人品，但接下来，男人最看重的是女人的相貌，而女人最在乎的是男人的社会经济地位。

还有理论称，婚姻市场论也罢，其他各种理论也罢，其实最核心的还是基因战争。男人找女人，女人找男人，都是为了将自己的基因更好地遗传下去，而相互配合的最佳模式就是男人提供保护，女人负责生孩子。男人之所以对女人的腰臀曲线比例那么感兴趣，因为这是能不能生好孩子的关键所在。与咱们传说中的"女人腰粗可以更好生孩子"的说法不同，其实是细腰肥臀的美女更容易怀孕。

真是这样吗？那么复杂的爱情，其实不过是为了更好地生孩子？

至少《安娜·卡列尼娜》中的爱情故事不同，否则卡列宁与安娜的搭配就是最好的了，卡列宁具有最好的社会经济地位，而安娜具有最诱人的容貌。他们的婚姻市场价值是般配的，他们也是最适合生孩子的。但是，安娜偏偏为沃伦斯基心动了。

被时宜淹没也就丧失了自我

为沃伦斯基心动的女人很多，这并不奇怪，因为沃伦斯基是风度翩翩的美男子。忘了谁说过，如果女人完全自由选择的话，女人会和男人一样在乎相貌，如果要在相貌和社会经济地位中二选一的话，女人就会优先考虑后者。但假如一个女子是花痴首先考虑的是相貌，那么这种特例也可以理解。

这种说法，勉强可以解释列夫·托尔斯泰的小说《安娜·卡列尼娜》，却不能解释奥斯卡最佳外语片《美丽人生》中的故事。在这部影片中，圭多和卡列宁一样，是一个其貌不扬的男子，但他绝对是麦昆所说的"不合时宜"的人，他所拥有的无穷无尽的热情和鬼点子，让他显得与众不同，而他在追求名门之女朵拉时，所使用的办法也是稀奇古怪的。并且，朵拉已经有未婚夫，他相貌堂堂，在仕途上前途无量。但是，这个未婚夫正如麦昆所说，是一个"努力顺应时宜"的男子，并因此在朵拉眼中失去了性感。

当然，我们还可以说，《美丽人生》是电影，并不是真实的故事。这部电影是意大利"鬼才"导演罗伯托·贝尼尼自导自演的，他饰演男主角圭多，而饰演女主角朵拉的女演员，在现实生活中也正是他的妻子。他们能走到一起，也许仍然是男性社会经济地位和女性相貌的经典搭配。

不过，我自己可以说，麦昆所说的是一个真理，它的寓意在现实生活中也随处可见。

无论是在工作中还是在生活中，我都见到很多这样的故事：一个人看上去是无可挑剔的，但他（她）却是缺乏魅力的，与他（她）相处久了，他（她）的配偶会觉得越来越索然无趣，越来越没有感觉，最后要么偷情要么离去，而所选择的情人，看上去往往远没有他（她）优秀。

一个男人C是外企高管，收入不菲，相貌堂堂，而且人品很好，收入都交给妻子F掌管，并对自己的家人和妻子的家人很好。但是，F却觉得生活越来越乏味，和C的情感也越来越淡，最后红杏出墙。

F是我一位朋友介绍认识的，在和她几次聊天时，她谈的全是情人，几乎完全没有谈到丈夫。我问她，为什么不谈丈夫。她竟然一时哑口无言，待了会儿才说，没有兴趣谈他，也似乎不知道该如何谈起。我建议她不妨先静静地做一些准备然后再谈。她静了一会儿说，现在她觉得丈夫对她就像是一个陌生人，她好像完全不认识这个人。

陌生人？你能更仔细地描绘这种感觉吗？我问她。

她想了好一会儿后说，他们在一起的时间非常多，丈夫尽管居于高位，但并不怎么愿意应酬，他下班后如果没有特别的事情都是回家，在家里，他们原来也经常说说话。但是，听丈夫讲话时，她总是提不起兴趣来。同时，她也不愿意和丈夫谈话，因为她说的话他似乎完全不能理解。

再谈下去，她突然明白了什么似的说道，她觉得丈夫似乎努力在做一个大家都认为的好人。在她面前，他努力做一个好丈夫；在孩子面前，他努力做一个好爸爸；在他父母面前，他努力做一个好儿子；在岳父母面前，他努力做一个好女婿；在朋友面前，他努力做一个好伙伴……但是，他好像没有心，在记忆中，他几乎从来没有过大的情绪波动，完全没有喜怒哀乐似的。

甚至，在一定程度上他就像卡列宁一样，当得知妻子红杏出墙后，竟然对妻子说，他认为他们之间没有问题，她可能只是觉得太闷了，所以想寻找一些刺激，但他原谅她，也相信她最终会回到他身边来。

但是，C 在 F 的心中，似乎已完全没有了分量，他对于她的价值，主要是一种安全感——无论如何，C 都不会主动离 F 而去。

你是否有你自己鲜明的立场

为什么会出现这样的局面？

我的理解是，C 做得那样尽心尽力，但这一切都不是发自他内心，他只是按照一些主流的规则在做事。或者说，驱动他做事的，不是他的感觉，而是来自外面的别人的声音。

最初，这也许会是父母的声音。父母会一再向他传递信息说，你的感觉是不可靠的，按照感觉做事会经常犯错误，你要相信父母的教导，父母教给你的规则可以保证你不犯错误。

接下来，外面世界的声音越来越多，所有这一切声音，都在教导他，你应该按照什么样的规则做事，那样才能不伤害别人，也会令你收获最好的利益。

先是在家中，他学会了舍弃自己的感觉而听从父母的教导，最后在各个地方他都做到了这一点。

结果，在这个过程中，他失去了与自己感觉的链接，他把自己弄丢了。而和一个丢失了自我的人在一起，你会感觉到孤独，在你面前，他似乎不存在，而在他面前，你似乎也不存在。

心动的感觉，是我的心碰触到了你的心，而假如心都没了，又如何能触碰彼此呢？

像沃伦斯基这样的人，他没有主见，他没有一颗坚强的心，但他的心在一定程度上是打开的，所以安娜对他心动了。

安娜的心动，是一种叛逆。卡列宁似乎是完美的，但是，有谁知道我的痛苦呢？甚至在这样的男人面前，我连痛苦的资格都没有。你竟然对卡列宁都不满意，你这个女人太挑剔了，太贪婪了。卡列宁是正确的，而你的欲望是错误的。

我想，甚至安娜自己都认为，她对卡列宁的不满是错误的，她对心动的渴求是错误的。一旦一个人将自己的某种动力视为错误的，那这个人就可能会用错误的方式去追求这种动力。所以，安娜选择了沃伦斯基这个错误的人。

在电影《美丽人生》中，朵拉是有十足底气的，她自始至终对未婚夫的"顺应时宜"且将这种"顺应时宜"视为生命中最重要的东西不满和不屑。她渴望心动，与圭多有了荡气回肠的生活和爱情，虽然圭多最后死在集中营中，但他在她心中永存。

如果只是去做大家都认为正确的事，而忘记了自己的心，那么这种故事就很有可能会发生。如果大家都认为出人头地是正确的，那我就追求出人头地；如果大家都认为挣钱是最正确的，那我就追求金钱；如果大家都认为身体好是最正确的，那我就去追求身体健康……如果大家都认为反对某个团体是正确的，那我就积极投身于这个浪潮中。

再回过头来看麦昆，他一生都在"做一个不合时宜的人"，但不幸的是，他自己的行业本身就是在教导人们"顺应时宜"。奢侈品被赋予了"我是最值得拥有"的意味，最后它们成了一个消费市场上最主流的"时宜"，于是人们开始跟从。

大学时，我的一个老师说，心理治疗就是一个模式，任何一种疾病都可以找到一个治疗的模式。

　　听到这句话，我想，假如有一天，我的治疗最后被框在了一个模式里，或我的人生被框在了一个模式里，那么一切就枯竭了，因为那时心其实已经死了。

内在父母和内在小孩的分裂

> 我的日子一天比一天难过，振作起来！起码我还有人生目标！我要干一番轰轰烈烈的事业来！
>
> ——董某自白

董某，广州一所大学学生，2006 年 8 月被判死刑，缓期两年执行，罪名是"弑父"。

事情发生在 2005 年 9 月 22 日，当时 20 岁的董某用准备好的刀具连砍带刺捅了父亲三十多刀，令父亲当场死亡。

记者拿到了他的两本日记，从 2001 年 8 月 24 日升入高一前开始，到 2005 年 2 月 14 日的大一，详尽地记录了他这三年多时间的心路历程。从这些日记中可以看出，从高一起，董某的心理问题就已经很明显了，随着时间的推移，他的问题越来越严重，并最终发展成精神分裂症。这个过程，可以分成三个阶段：

第一，高二上学期以前。主要是强迫，具体表现是，虽然很烦学习，但仍然强迫自己极其刻苦地努力学习。同时伴随着多疑，即一旦表现不好，他就觉得别人会议论他、嘲笑他。

第二，高二下学期至高三下学期。主要是多疑，由于所谓的"失恋"，他开始频繁地觉得老师和同学经常嘲笑他、议论他。虽然学习成绩曾有转折，甚至考过一次全班第一名，但总体而言，他强迫式的学习方式已坚持不下去了，他越来越不能集中精力学习，成绩在高考冲刺阶段不断下滑，这严重刺激了他，初步出现了幻觉。

第三，高考后。他高中三年的日记，堪称"目标日记"，因为绝大多数日记的内容都是在树立目标，他要求自己在学习、游泳、电脑、篮球、小提琴、奥赛等方方面面都"让人刮目相看"。在很多方面，他实现了这一点，但在最关键的高考上，他失败了，这是他的强迫式学习的必然结果。他接受不了这一事实，最终在进入大学后出现了幻视、幻听和被害妄想，这是重型精神疾病的典型症状。

在这三个阶段，有两个共同的特点：

第一，任何进步都只能给他带来很短暂的快乐，只要还有人比他强，他就会有挫败感。

第二，一产生挫败感，他都会立即树立一个更艰巨、更远大的新目标。

这两个特点导致了如下的恶果：他的新目标越来越多、越来越高，成了不能承受的重量，并最终被这些新目标所摧毁。

可以说，目标是他特有的心理防御机制，是让他逃避挫败感的自我欺骗方式，也是他为什么会伤害父亲的根本原因。

逃避挑剔的"内在爸爸"

新日记本的第一天是 2001 年 8 月 24 日,当时他参加了一个暑期游泳班,日记内容充分展示了他的性格:

"新日记本!这是新的开始,是新的希望。上高一了,学业繁重,每天都筋疲力尽……不管多累、多烦,在休息时,也要抽空坐在书桌旁写上几句……决不让记忆白白流逝,到头来只留下一声无奈、悔恨的长叹。

"早上又是 8:30 起床。活见鬼!怎么从军训回来,人就变得那么懒惰?

"怎么回事?'蓝帽子'为什么会快我一个身位?我呢?无名小卒!

"只能勉强游五十米。一倍呀!耻辱啊!

"……我以后一定要写一篇关于运动的散文!"

作为第一篇日记,第一段反映了他的强迫性格:不管情感上多烦,也要强迫自己完成任务;第二段反映了他的自责,这是暑假,而且是中考后的暑假,但他因为睡了懒觉而痛斥自己;第三段既反映了强烈的自责,也反映了他的好强。

每个人都有两个我:"情感的我"和"理智的我"。"情感的我"是我们心理能量的源泉,而"理智的我"可以规划这些能量,以让我们合理地运用能量。

强迫、自责和好强这些性格,一方面可以把这些能量用到极致,但另一方面，这些性格容易让一个人忽视自己到底有多少能量，从而无视自己"情感的我"的承受能力。

一段时间内，"情感的我"或许还能勉强为之，接受"理智的我"的强力驱使，但是，久而久之，一直超负荷运转的"情感的我"就可能会因为承受不了，于是最终拒绝接受"理智的我"的指挥。那时候，"情感的我"和"理智的我"就可能会发展到极端敌对的地步，而精神分裂也由此产生。

所以，董某这种过于强烈的强迫、自责和好强，从一开始就埋下了隐患。

并且，因我们的理性、规矩、责任等内容最初是来自父母的教诲，"理智的我"一般可理解为"内在的父母"，而"情感的我"可理解为"内在的小孩"。

考虑到董某的妈妈在他8岁时已去世，那么他"内在的父母"其实主要就是"内在的爸爸"。由此，他的这第一篇日记，就可理解为"内在的爸爸"对"内在的小孩"的训斥和苛责。譬如，关于游泳那一段就可以这样解读：

"内在的爸爸"对"内在的小孩"吼道："怎么回事？'蓝帽子'为什么会快你一个身位？你呀，真是个无名小卒！只能勉强游五十米。人家是你的一倍呀！你耻不耻辱啊！"

董某的辩护律师胡福传不赞同这种说法，他说自从董某母亲去世后，董父对董某堪称溺爱，在2005年9月21日之前，从未动过儿子一个手指头。不过，他承认董父对董某期望很高。并且，他透露，董某母亲在世时，董父对儿子是相当严厉的，有时会打他。

这正是问题所在，"内在的父母"一般在5岁前形成。

并且，溺爱的同时给孩子立下极高的目标，这和用棍棒给孩子立下极高的目标，实质上并没有什么区别，一样都会给孩子造成极大的心理压力。

内在的父母和内在的小孩的撕裂

小时候，父母施加压力，我们才有压力。但当"内在的父母"形成后，不需要父母在场，我们一样会感受到压力。只不过，这不再是一个外部过程，而是一个内部过程。董某强烈的强迫、自责和要强，其实就是他"内在的爸爸"对"内在的小孩"不断提出高要求的内部对话过程。

一个健康的人，"内在的小孩"会不断成长，不断地自己解决难题，并最终爱上自己的力量，也爱上这个探索的过程。这样一来，在做一件他喜爱的事情时，他会产生天然的快感，这种天然的快感就成为最原始的动力，驱使他自然而然地投入，自然而然地努力。并且，他这样做的时候，是非常灵活、有创造力的。

相反，如果父母一直在强迫孩子接受自己的安排，一直是他们在孩子的事情上发挥关键作用，那么孩子"内在的父母"就会越来越强大，而"内在的小孩"就越来越弱小。这时，他去做什么事情，就很少会产生原始的快乐，假如他有快乐，那快乐也多是来自外界的认可——开始是父母的认可，后来是老师、同学、领导、同事等人的认可。这样的人对做好一件事情并不感兴趣，真正感兴趣的是引人注目。

董某正是如此，他在日记中多次写到，他的理想是"让人刮目相看"。譬如 2001 年 9 月 7 日的日记就是：

"高中学习危机四伏，小心！要努力！奋斗！让别人刮目相看！"

很多家长喜欢孩子这样，因为觉得孩子有动力，但他们忽视了一点：这种孩子缺乏对学习的真正热情，他们只渴望别人的认可，而知识不能给他们带来直接的快乐，于是他们的学习就会变成强迫式的学习。他们并不喜欢学习，他们只能强迫自己努力学习。

换句话说就是，因为感受不到快乐，"内在的小孩"并不爱学习，是"内在的父母"在强迫他们学习，但这让"内在的小孩"感到厌烦。2001 年 9 月 22 日，他的一篇日记反映了这种烦：

"烦，烦，烦！六座火山压在背上，喘不过气来；感冒发烧让我浑身乏力，游泳不能过关；老是担忧明天的考试，使我生活不能心安……"

另一篇日记则显示，强迫式学习的效率是很低的：

"学习时不够专心，也许是题目太难，脑子不灵，总是想游泳。以后的高考怎么办？……只要我能集中精神，集中精神，再集中精神，该做什么事就做什么事，我一定能在高考中获得丰收！"

现实中的父母常以为，孩子完全是自己的塑造物，可以按照自己的意愿让他做任何事。等孩子长大后，这种情形就会变成，他的"内在的父母"以为自己可以控制自己的情绪、身体，让自己不知疲倦地努力。

譬如，不理会情绪的需要，那么烦了，还要强迫自己努力学习；不理会身体的需要，尽管感冒，但为了不被笑话，仍然去游泳。

这种强迫式的努力也收到了一些成效，高二上学期，经过一年努力后，他在游泳上拿了一个广州市二等奖。这让他极其激动，被"刮目相看"给他带来了巨大愉悦，但这种心理也有一个很明显的反作用：特别在乎别人的评价，很小的否认会引起强烈的反应。这容易造成另一个结果：多疑，总觉得别人在议论他的是非。

从高一开始，这一点就已有展现。2001年8月26日的日记显示，他的宿舍莫名其妙出现了10元钱，他对这10元钱的来历想了很多，最后想到可能是他丢的，是某个同学刻意偷的，然后又拿出来嘲弄他。

不过，直到2002年年底，多疑只出现在很少几篇日记中，直到2003年年初，这一状况才发生改变。

这时，他的第一个日记本写满了，于是他换了一个新日记本。2003年2月20日，是他换新日记本的第二天，那一天他很开心，因为他当上了体委。大约是同时，他喜欢上一个女孩，但不到一个月，"我和她吹了"。当天，他没有显示出一丝一毫的伤心，而是立即又树立了一堆新目标：

"努力学习，学弹吉他，练游泳，不管其他的事……不谈恋爱。"

这是"内在的父母"在说话。但 2003 年 3 月 15 日,"吹"的第三天,"内在的小孩"出来了,他写道:

"好累!好烦!睡觉了……"

情况越来越不妙。2003 年 3 月 25 日,他叫"起立"的声音很大,同学说"好恐怖",他说改,但接下来仍然如此。他还越来越敏感,常"发现"别人看他的眼神越来越怪,一次还问一个女同学"为什么旁边的人对我那么怪",这女孩说她没发现。

这种敏感,是精神分裂症的重要症状——被害妄想的征兆。实际上,尽管游泳出色,但他并不是一个引人注目的学生,大家既不崇拜他,也不歧视他。这是他"内在的小孩"在反抗,他认为"内在的父母"怪,但他的"内在的小孩"和"内在的父母"已不能相互沟通,于是他把这种内部关系的信息投射到外部关系上,认为是大家看他的眼神越来越怪。

同时,他的脾气越来越暴躁,这常常是别人提醒他,他才发觉,并对此深深自责,但脾气并没有得到改善。这也是他的内部关系发生分裂的征兆,脾气属于情感,"发觉"属于理智,他的理智与情感已不能正常沟通了。

此外,这场恋爱也是他单方面的想象,其实那女孩甚至不知道他在关注她,所以也不存在"吹"这种事。但他过于敏感,所以那女孩的不经意的正常亲近就会给他带来巨大的快乐,而不经意的正常疏远也会给他带来巨大的痛苦。为了防御这种痛苦,他给自己树立了一堆目标,但这些目标也接二连三遭遇了失败。

2003 年 4 月 27 日,期中考试部分成绩公布,两科不及格。29 日,他爸爸"不满意我两科不及格。努力学习"！30日，历史成绩公布，也是不及格。

三科不及格，这给董某带来了很大伤害。5月9日，他专门写了《不及格》的日记：

"我从没试过（期中、期末）考试不及格。天啊！这个落差我一下子受不了。怎么办？

"别人看不起我，笑我。我不能被人笑，我要自强不息！"

他的神志正陷入混乱。5月23日，他去打篮球，罕见地光着上身去，被很多人看到。他又痛斥自己："我没有组织纪律吗？"

可以说，是"内在的小孩"想无法无天，于是脱了衣服，以反抗"内在的父母"的纪律。但"内在的父母"也会回击，5月26日，董某提出就此认错，但老师和同学的反应显示，大家其实没把他这些"错"当回事。

"多疑"成了这时期日记的主题。6月17日，中午放学他看到"她跑着走开"，立即怀疑"不知是不是想避开我"。显然，这让他有受伤害的感觉，而接着他就又用了习惯性的防御手段：目标。在这一天的日记中，他写道：

"算了！忘了她！专心学习！……
努力学习，考上重点大学！"

但不管怎么努力，多疑已不能摆脱了。

"吹"发生在 3 月 15 日,"彻底分手"则发生在 7 月 19 日。当天,他找"她"谈了五分钟,保证"以后不会再去烦她",但她说他"以前没烦过她"。

这是怎么回事?真相是,这场恋爱只是他单方面的想象,其实从未开始,他从未约过那女孩,甚至都没对女孩明确表达过,所以女孩认为董某"以前没烦过她"。

一场从未发生的恋爱为什么对董某有这么大的影响?让他变得如此敏感多疑?

这和董某的童年息息相关。8 岁时,他的妈妈因癌症去世,他永远失去了挚爱的妈妈,而失恋,在某种意义上来说,正是失去心理上的妈妈。这让他又一次遭受重大的打击,并可能令心理出现严重的退行。

失恋等于又一次失去"妈妈"

据董某的律师胡福传说,小时候,董父读博士数年不在家,董某在妈妈、姥姥和姥爷身边长大。董父对儿子很严厉,有时会打骂他,但他较少在家,而董母、姥姥和姥爷对董某非常疼爱,所以他的童年应该基本幸福。

但妈妈的去世改变了这一局面。一旦亲人去世,健康的应对方式应该是,其他亲人团结起来,一起应对这一悲惨的局面,最后大家都接受亲人已经去世的事实,并从心理上完成对去世亲人的告别。但是,董某的家庭显然没做到这一点。胡福传说,董某书桌上有一张妈妈的照片,栩栩如生,"这个家庭常说起他妈妈,我认为这样子不好,因为这样就无法告别过去"。

不能告别去世的亲人会造成很多恶果,其中之一是,我们免不了会幻想他们还活着。如果常年沉溺于这种幻想,那就会严重破坏我们对现实的认识能力,并有可能发展出错觉乃至幻觉来。

重型精神疾病患者的幻觉,多是其内心世界向外的投射。亲人刚去世的时候,我们常恍恍惚惚觉得亲人似乎仍在自己身边,这是很正常的反应。但最终,正常人都会从内心深处接受这一事实,而这种恍惚感也会随之消失。相反,假如我们一直都未真正接受这一事实,那么这种恍惚感长久发展下去,就有可能会发展出幻觉来。

在董某的案例中,与这种幻觉相伴随的,还有敏感多疑。敏感多疑意味着什么呢?

按照精神分析的观点,敏感多疑是1岁前的婴儿的特点。许多人喜欢不到1岁大的婴儿,觉得他们乖极了,非常好玩,好像非常有安全感。但心理学的观察发现,这一阶段的婴儿其实是极其敏感多疑的。

这不难理解,因为他们什么都做不了,一切都要靠别人照顾,所以他们对别人——主要是妈妈的动向非常敏感,他们必须靠猜疑来推断妈妈的行为;假如他有一个"好妈妈",那么这种敏感多疑的心理特点最终会基本消解,假如他有一个"坏妈妈",经常对他不管不顾,那么他就无法克服敏感多疑的心理。

此外,如果遭遇妈妈去世或失恋这种重大的打击,一些人也会暂时退行到这一阶段。这种退行也是对现实的否定,即我不承认我已经失去了"她",相反我要变成一个什么都不能做的婴儿,因为以前我变成这个样子的时候,我赢得过妈妈的爱。

董某的情况很可能正属于此类。首先,亲人没有很好地帮他直面妈妈已经去世这一事实，这让他一直没有从妈妈去世的伤痛中真正走出来，他从而也没有获得应对这种挫折的能力。相反，这倒成了他最脆弱的一点，非常禁不起打击。所以，当他认为自己失恋后，这种失恋就意味着再一次失去心理上的妈妈，于是他再一次崩溃了。

胡福传说，董母去世后，董父非常内疚，他从此再也没有对董某动过一个手指头，直到2005年9月21日才破天荒又打了他一耳光。我怀疑，在董母去世后不久，董父还有另一种心理机制：我发誓要把董某培养成人，那样就对得起在九泉之下的太太了。

这是常见的一种心理防御机制。我们没有让孩子学会面对死亡，相反我们试图让孩子逃避死亡带来的痛苦，而常见的逃避方式就是，给孩子树立一个又一个的新目标，最后让他变成一个"超人"，仿佛这样就算是不悔了。

这当然只是一种猜测，但通过董某的日记可以非常清晰地看出，这成了董某用得最多的心理防御机制。一旦遇到什么挫折，不管是生活上、学习上还是体育上的，他都会告诉自己"坚强起来，不要伤心"，然后立即给自己树立一个很高很高的目标，随即精力都集中到目标上，而仿佛真忘记了痛苦。

高考后，他接二连三地知道了同学们的成绩，很多人比他出色，这让他一次又一次遭受打击。这时的每一次打击都是一次重击。相应地，他又树立了更多更宏大的目标。2004年7月2日的日记中，他一口气为自己树立了十几个目标：

1. 照顾好家里的亲人——姥姥、姥爷、爸爸等
2. 找一份热爱的工作

3. 年薪过 100 万元
4. 拥有自己的社会地位
5. 掌握一口流利的英语
6. 在重点大学读硕士、博士
7. 考取奖学金
8. 成为二中荣誉校长
9. 成为中国科学院院士
10. 买一辆奔驰给爸爸
11. 周游世界
12. 拉一手优秀的小提琴
13. 写一手漂亮的钢笔字
14. 英语四、六级获得优秀
15. 锻炼一副好口才
16. 数学、物理、英语、计算机均拿全国的奖项
17. （空）

这是一个凌乱的目标体系，不分轻重，没有顺序，想到什么写什么，就像是一个做白日梦的孩子，在随手涂下他白日梦中的伟大幻想。

当然，这所有的白日梦，都是为了逃避高考失败这个不能承受的现实。

既然有如此宏大的目标，当然要付出可怕的努力，董某也在这样做。高考后的暑假，对一般学生而言，是一个真正的暑假，但对董某而言，只是高考的延续，他制定了一个魔鬼般的日程表：6 时 30 分起床……

董父显然也非常失望。2004年9月5日，董某在日记中写道：

"爸爸说北大清华已是泡影，我不这么认为，比赛才刚刚开始。Nothing is impossible（一切皆有可能）！"

但是，他的身体、他的情感、他的那个"内在的小孩"，已开始彻底拒绝接受他的头脑、他的理智、他的"内在的爸爸"的指挥了。

2005年2月14日，他写下最后一篇日记，鲜明地反映出，幻觉已彻底控制住他，他已完全崩溃了：

"从晚上12点到凌晨4点，眼前都是图像！简直是令人难以想象！人仿佛站在高三的楼梯上，仿佛在对着高三的同学说话，仿佛当时传入我耳朵里的声音，加工后又展现在我耳里。图像、图像，眼前都是有质地有感觉的图像。我甚至无法区分事实与幻觉。"

他的姥姥、姥爷则称，那一段时间，董某明显不正常。一次夜里，他跪下求姥爷把门锁紧，因为高中校园的"黑帮"有人进来追杀他了。这表明，以前对别人的敏感多疑，现在已发展成被害妄想，和幻觉一样，这种被害妄想也是典型的精神分裂症的症状。

董父也发现了孩子的不对劲，他劝儿子看心理医生，但儿子表示反对后，他放弃了这个念头。胡福传说，他之所以放弃，是因为觉得儿子的情况有好转。但这好转显然只是假象，董某在自己破碎的世界里正越陷越深。不久，他从学校退学。

董父反对儿子退学，但显然他已无法影响儿子，无奈之下接受了儿子退学的决定。胡福传说，作为答应的条件，他要求儿子去复读，并且已为儿子联系好了一所重点高中。董某身上那点残存的"理智的我"最后一次答应了父亲的安排。

但是，董某身上的"情感的我""身体的我"或"内在的小孩"显然都不想再去过那种魔鬼般的生活，什么大学啊、留学啊等目标已彻底不能再影响他。退学之后，他开始过起很放松的生活来。

董父无法接受儿子违约，他多次催儿子去那所重点高中复读，董某一直没有答应。2005年9月21日，父子俩最后一次为复读的事情发生争执，董父气急之下打了儿子一个耳光。第二天，他死在儿子的刀下。

从种种迹象判断，董某很可能已患了精神分裂症，其幻觉和妄想有很鲜明的心理意义。他杀掉父亲，也有其鲜明的心理意义。

在被审判的过程中，他说，杀掉父亲之后，他感到非常轻松。为什么？

因为爸爸就是目标的化身，他那么严厉地要求自己，其实是他的"内在的爸爸"在严厉地要求"内在的小孩"，而且完全不顾"内在的小孩"的承受能力。

那么，现实的爸爸，也意味着"内在的爸爸"。"内在的爸爸"不存在了，压力也随着那个庞大的目标体系一起消失了，而轻松感也随之而来。

告别痛苦的唯一方法是直面痛苦

这是一个悲剧，但并不只是那个耳光导致的悲剧，也不只是董某高考失败导致的悲剧。实际上，这是一个家庭的悲剧，它发生于当前，却扎根于过去，是这个家庭遭遇的一系列苦难，以及这个家庭的高压动力系统所导致的悲剧。

这是一个悲剧，但并非是一个不能阻止的悲剧。如果董某的家人——主要是董某的父亲——做到了以下几点，这个悲剧完全可以避免。

一、不逼他复读

每个孩子主动做出退学的决定时，其背后一定有重大的心理因素，而且一般都是很不堪的心理因素。这时，家人应该首先去理解他，而不是急着去做什么正确的决定。董某之所以退学，是有着强烈的挫败感，且其神志已不正常，他这时退学是正确的选择，因为他太累了，他需要休息和调整。这时，董父逼儿子赶快走上"正路"，其实是在逼儿子重新陷入他无法承受的压力和挫败感中去。

二、送他强制治疗

被害妄想和幻觉是重型精神疾病的典型特征，即便不是精神分裂症，也一定是非常严重的精神疾病。一旦有了这些症状，就意味着一个人已到了精神失常的地步，而且他们无自知力，会把自己的妄想和幻觉当真，并据此做出相应的举动，很容易伤及自己或他人。家人应当机立断，强制送其做治疗。这时，一般的心理医生无能为力，必须送专门的精神病院接受药物治疗。并且，不必征求其意见，因为他一定会认为自己是正常的。

2005年春节前后，董某的父亲、姥姥和姥爷都发现董某精神严重失常，如果这时他们把董某强制送精神病院接受治疗，起码弑父的悲剧就不会发生。

三、化解高考之痛

高考成绩发布后，董某异常痛苦，他试图用树立一系列的高目标这种方式来逃避这种痛苦，但因为一而再，再而三地听到同学们的高考成绩，于是不断受到强烈刺激。这时，如果董某的亲人能理解他的痛苦，那么董某可能就不会那么快地陷入崩溃。但董父显然没做到这一点，他未直接批评儿子，但董某在日记中多次写到，父亲对他的成绩很失望，父亲的这种失望，强烈地加剧了董某"内在的父亲"对"内在的小孩"的谴责。

四、不让他太好胜

董某非常争强好胜，在学习之余，他还在练游泳、学电脑，这三个项目是他花精力最多的。但他的问题是，他把一切都完全当成了比赛，目的都是为了"让人刮目相看"，只要有一个人比他强，他就有强烈的挫败感，这让他不顾一切地拼命投入精力，而完全不顾自己身体和精神的承受能力。

学习成绩不代表一切，如果董父懂得这个道理，劝儿子不要那么争强好胜，那么高考失败就不会对董某造成那么大的伤害。

甚至，如果董某不那么争强好胜，他或许就不会高考失败。

五、化解失母之痛

亲人意外去世，对任何一个家庭都是重大打击，幼小的孩子们尤其难以承受这种沉重的打击。

这个时候，最好的处理办法就是，全家人团结起来，一起回忆那个死去亲人的点点滴滴，想哭的时候就痛痛快快地哭，想笑的时候就痛痛快快地笑。通过这些回忆，通过伤心的哀悼，最终实现对死去亲人的告别。

这时候，最忌讳的就是相互指责，你指责我对死去的亲人不好，我指责你辜负了她。董母去世后，董某家有这样的倾向，结果造成董父和董某的姥姥、姥爷关系一直紧张。

这种做法会对董某造成难以磨灭的影响。因为，幼小的孩子都有一种天然的自恋，认为一切都是自己造成的，家庭的幸福是自己造成的，家庭的不幸也是自己造成的。如果一个家庭在遭遇不幸后会有相互指责的倾向，那么这个孩子的这种心理就会更严重，他会更加认为自己的确应该为这不幸承担责任。

此外，告别痛苦的唯一方法就是直面痛苦，我们不能指望用其他任何办法告别这个痛苦。譬如，董父不能指望通过把儿子培养成超人的方式，让自己忘记失去太太的痛苦，让儿子忘记失去妈妈的痛苦。这种方式只是让董某养成了借目标逃避痛苦的心理防御机制。游泳受挫了，他树立新目标；被人嘲笑了，他树立新目标；失恋了，他树立新目标；高考失败了，他树立新目标……

但这些新目标并不能让他免除那些痛苦，相反让他的痛苦越积越多。

生活太苦,我们就有可能为"甜"发愁

如果生活太苦我们就有可能为"甜"发愁。

一个穷人,却为假如有了钱该怎么花而发愁。

一个一直没有男朋友的女性,却为假如同时多个男人爱上自己该怎么处理而发愁。

一位男士,一生多舛,很小就失去了父母,但他却常对别人说,你看我多么自由,自由真好,你难道就不羡慕我吗?

…………

这些都是自我欺骗。

本来,他们都应该为"没有什么"而发愁,但这太伤自尊了,所以,他改成为"有什么"而发愁。这样一来,自尊就得到了保护,他会觉得,自己的人生也并不是一无所有。

很多时候,人生太苦了,所以,这种自我欺骗的方式,可以保护我们,让我们不会因为苦难太多而丧失活下去的勇气。但是,如果这种方

式用得太过，我们的现实知觉能力就会受到损害，并丧失直面真相并从中获益的机会。

阿良（化名）是福利彩票的忠实拥趸，每期必买，但比较理性，每一期都不会花费太多钱，濒临下岗的他也没有多少钱。

既然每期投入不多，阿良的家人也不反对他买彩票。只是，他们现在越来越无法忍受阿良的另一种行为：整天唉声叹气，为假如中了大奖怎么办而发愁。

阿良不像其他买彩票者，会忐忑不安，会因为期待中奖而紧张。阿良好像不想中奖似的。相反，他倒是整天愁眉苦脸地对家人说："好愁啊，要是中了500万，我该怎么分配呢？多少用来买房子买车，改善咱们的生活，多少分给亲戚朋友，又有多少捐出去做善事？"

家人对此觉得不可思议，他们对阿良说，中500万元大奖是个小概率事件，很难的。再说，中了奖再为分配奖金发愁也不迟，现在八字还没一撇呢，为一点影儿都没有的事情发愁，有什么意义呢？

然而，所有亲人的劝导都影响不了阿良，他仍然每天念念叨叨，为该怎么分配那500万元而发愁。

逃避真实的心理感受

心理咨询师荣伟玲说，为假如中了500万元而发愁，这有一定的现实意义。有些人中了500万元后，由于处置不当，生活反而变得更糟，这样的事情并不罕见。

此外，她认为，我们的观念中，大家隐隐地知道，你中了大奖，会让亲朋好友或同事眼红。如果你中了奖后不想破坏你现有的人际关系，那么最好让大家都分一杯羹。

她说："我们习惯上认为，你中了大奖不是你一个人的事儿，我们都应该分一点出来，这种'均贫富'的想法，已经是我们的集体潜意识了。"

并且，真中了大奖的话，如何分配绝对是一门学问，处理不好肯定会引起一些麻烦。

荣伟玲的一个朋友，他也是想象自己中了大奖该怎么分配，结果他把幻想说给家人之后，引起了麻烦。

他的分配方案是，给父母几万元，给兄弟姐妹每人数万元，给妻子倒只有几千元。听到这个方案后，妻子非常生气，对他说："我现在才知道我在你心里是什么位置，原来只是你父母的百分之一，你兄弟姐妹的十分之一。"

结果，妻子和他冷战了十几天，后来他极力地向妻子解释，他是想，他的钱就是她的，给她几千元，只是先满足她给他说过的一些没有实现的愿望，而剩下的近300万元，他其实一直是视为他们两人的共同财产的。好说歹说，妻子才原谅了他。

这件事表明，如何分配500万元大奖，的确是一个难题，是一件容易让人烦恼的事情。

不过，相比起这个八字还没有一撇的烦恼来，阿良还有更实际的烦恼：他已五十多岁，即将退休，大半生的积蓄买股票被套牢，他和家人正面临着生活没有保障的严峻前景。

他的确是应该为生计而发愁的。

"发愁的情绪,是真的,但发愁的内容,被替换了。"荣伟玲说,"为没钱而发愁,是很没有面子的事情,会打击自尊心。于是,不如换一下内容,为有钱而发愁。这样一来,感觉上就好多了,不再是没有面子,甚至还可以骄傲一下。"

为了保护自尊和面子,而替换发愁的内容,这在我们的生活中,是很常见的事情。

荣伟玲说,我们可以经常看到这样的女孩:由于种种原因,她岁数不小了还没有谈过恋爱,也很少有男士追求她。

但是,她不为自己没有男友发愁,相反,她倒是经常幻想,如果同时有几位男士追求她,她该怎么办。

并且,她还很喜欢把这种幻想说给周围的人听,甚至让他们给她出主意,假如同时有那么几位男士追求她,她该怎么处理。

这和"假如中了500万该怎么办"的烦恼是一回事。一直得不到异性喜欢是一件很苦恼的事情,但直面这个苦恼太难过了,这样的女孩没有勇气面对,所以改变了苦恼的内容,把"为没有异性追求而苦恼"变成了"假如很多异性同时追求该怎么办"的苦恼。

这种自我欺骗的方式用的是置换的手法,置换了苦恼的内容。置换还有另一种手法,即置换主角,本来是我为一件事苦恼,但我不愿意碰它,于是变成我为别人这样的事情而苦恼。

譬如,一个女孩,一直没有男朋友,也没有信心面对异性,但她却特别热衷于为别的女孩介绍男朋友,还很焦急地跟别的女孩说,你这么优秀这么好,没有男朋友怎么行。

其实,她是置换了苦恼的主角。本来,是她为没有男友而苦恼,但她不愿意面对这件事,于是变成了为别的女孩没有男友而苦恼。

并且，当她说"你这么优秀这么好"的时候，实际上反映出，她对自己没有信心，她认为，只有"这么好这么优秀"的女孩才配谈恋爱，而不够好也不够优秀的她不配谈恋爱。

其实，这是她自己的心理在作怪。喜欢她的异性并不少，也有不少异性爱和她在一起，但她对自己要求比较高，认为自己只有达到某种条件后才配谈恋爱，否则就是对恋人的不负责任。

病态的心理防御机制

精神分析的一个重要贡献，是发现人的形形色色的心理防御机制。这些心理防御机制的目的本是为了保护心理免受伤害或痛苦，但是，一个人如果习惯用心理防御的手段去处理问题，结果反而会加重自己的心理痛苦。

原因在于，心理防御行为有一个本质特征，就是逃避真实，例如，否定真实的心理感受，歪曲造成痛苦的客观事件等。心理应付方式往往会收到暂时的效果，就像一个人遇到问题去买酒求醉，从而把问题"忘掉"一样。但是，问题的根子还在那里，会在日后产生更严重的心理危机。

不过，必须看到，有相对健康的心理防御机制，或者说较少使用心理防御机制的人，几乎都是在比较健康、宽容、充满信任的童年环境中长大的。而在艰苦、挑剔甚至充满敌意的环境下长大的人，不可避免地会有较不健康的心理防御机制。

一位男士，一生多舛，父母在他很小的时候就相继遭遇意外死去，他经过艰苦的奋斗才长大成人，读了重点大学，毕业后在一家外资企业工作。

如果你和他喝酒喝到深处，他会痛哭流涕，讲他的人生多么不幸，他是何等羡慕那些在正常家庭长大的孩子。但清醒的时候，他不会这么说。相反，他会说，他一点也不羡慕别人，因为很多父母太糟糕了，还不如自己一个人过呢。何况，他拥有别的孩子都没有的自由，而且现在过得也不比别人差。

他这是置换了主语和宾语，本来，他的真实想法是"我羡慕你们"，但却被他置换成"你们应该羡慕我"。

这已经有了一些"酸葡萄"的味道：我能吃到的就是好的，你们吃的，滋味都不如我的好。

置换内容也罢，置换主角也罢，互换主语和宾语也罢，酸葡萄心理也罢……这些看上去不够健康的自我欺骗方式，都有一定积极的作用：保护当事人，使其不丧失活下去的勇气。

这些有点病态的方式，多是在遭遇了接二连三的挫折后形成的。阿良是在濒临下岗、积蓄被股票套牢、自己和全家人的生计都面临生存压力的情况下，发展出了"假如我有钱该怎么办"的自我欺骗方式。

那位在外企工作的男士，他的人生相对可能更为不幸，如果过早地直面父母早亡这个不幸，他可能会悲伤得失去活下去的勇气。相反，运用一下"我不羡慕你们，你们该羡慕我"这种自我欺骗的方式，他就会没有那么悲伤，甚至还带着骄傲而活下去。

人生太苦的人，经常会发展出一些病态的自我保护方式。这些方式，虽然限制了他们，损害了他们的现实感知能力，但从另一个角度看，这些病态的自我保护方式，也有相当的积极意义。

但必须强调，不是所有遭遇了太多苦难的人，都会发展出这些自我欺骗的方式。实际上，也有不少人，总能鼓足勇气，"直面惨淡的人生"。

不管遇到什么挫折，都有一个安全基地

那么，这种直面悲惨的勇气，是怎么发展起来的呢？

3岁前是关键的时期。首先，这个年龄段，孩子与母亲（或类似母亲的角色）的分离要少。我们惧怕不安全的环境，惧怕挑战，惧怕直面惨淡的人生，按照心理学的说法，本质上都源自童年形成的不安全感，而这种不安全感，主要来自与父母的分离，尤其是与母亲的分离。如果经常与母亲分离，而且孩子没有一点预期，那么分离的痛苦就会远超出孩子的承受能力，会让他在很小的年纪就发展出一些自我欺骗的方式，以告诉自己"与妈妈分离，没有那么痛苦"。长大了，这种逻辑就会发展成"生活中的那些灾难，没有那么痛苦"，甚至干脆说，"那些灾难根本就没发生"。

这是很关键的一点。有极少数人，在屡屡遭遇与母亲分离的痛苦后，反而会变得特别胆大（其实他们内心仍然很胆怯），特别喜欢灾难的挑战，甚至会成为我们社会中的佼佼者。但多数人，如果在3岁前遭遇了太多太漫长的与母亲的分离，那么他以后会变得特别不敢面对生活中的不幸与灾难，他的自我欺骗方式会特别多。我们勇敢，是因为心里有安全基地。其次，从1.5至2岁开始，要鼓励孩子探索未知世界。这之后的很长一段时期，是孩子发展勇气和独立探索能力的关键时间，父母不要苛求孩子的绝对安全，而不放手孩子去探索他的未知世界，譬如说爬

10 米去抓自己的玩具熊。如果父母看着孩子太辛苦，而自己迈几步把这个玩具熊递给孩子，那么孩子的这次探索其实就是以失败而告终的，他的勇气和探索精神就受到了一次损害。如果这样的事情经常发生，那么，他就会变成一个懒惰、没有勇气的人。

不过，在孩子进行这些探索的时候，虽然父母不可以经常替他去做，但一定要有人陪伴他，当他遇到挫折的时候安慰他，等他情绪平静下来后再鼓励他继续进行探索。这样一来，这个孩子就会形成这样的心理：不管我遇到什么挫折，我的背后一定是有一个安全基地的。等长大以后，这种心理就会埋在他的心底，让他成为一个特别有勇气的人。

我们只看到了一些成年人的勇气，但实际上，我们却容易忽略，他这种勇气其实是来自关系，是潜意识深处相信自己不管遇到什么挫折，都有一个安全基地。

大学生的自杀之痛

2005年下半年,北京一些院校频频发生大学生自杀事件,令人扼腕。

但是,这些大学生自杀事件,和其他自杀事件一样,如果干预得力的话,其实是可以避免的。

要做到这一点,首先要了解自杀的特点,了解大学生自杀的原因,然后对症下药,在事件发生前进行有针对性的危机干预。

北京大学心理学系的钟杰博士说,他深信,只要能进行及时而合理的干预,绝大多数自杀事件是可以避免的。逝者已逝,谨希望这篇文章能防止更多的自杀惨剧发生。

2005年8月3日,北京大学心理学系的姚萍博士说,和普通人一样,大学生自杀也可以被分为三种常见的类型:冲动型自杀、抑郁型自杀和精神异常引起的自杀。

冲动型自杀最为常见,当事人常常因为一时"想不开"就想自杀,其行动缺乏周密计划。冲动型自杀也最容易制止。

抑郁型自杀又称为理智型自杀，当事人一般患有严重的抑郁症，在自杀前会进行周密的策划，自杀发生时也难以制止。但是，可以通过心理治疗和药物治疗进行预防。

第三种情况比较复杂，严格来说并不能称之为自杀，因为当事人并没有自杀企图，只是因为产生了一些精神异常的症状，譬如幻觉，从而导致了意外死亡。姚博士说，她更愿意将这一类型称为"精神异常导致的意外事故"。

冲动型自杀最为常见

冲动型自杀又可以分为两种类型：普通的冲动型自杀和边缘型人格障碍引起的冲动型自杀。

前一种的当事人在遭受了心理创伤事件之后，会整天只考虑这件创伤事件，陷入其中不能自拔。这时，他们的考虑非常片面，注意力全集中在负面信息上，什么事情在他们眼里都变成了坏事。他们经常说"想不通""想不开"这样的词，当不良情绪积攒到一定程度之后，他们心中很容易产生自杀冲动，但这种自杀也很容易被拯救。

譬如，北京大学一名女生，成绩非常优秀，她将某奖学金视为自己的囊中之物，但最后却没有获得该奖学金。一时想不开，她就跑到一栋楼的楼顶，想跳楼自杀。但刚爬上楼顶，她的手机响了，是一个关系很好的同学打来的，这个同学了解她的心情，担心她想不开。这个电话让这名女生感受到了人与人之间的温暖。于是，在同学的安慰下，她放弃了自杀的念头。

姚萍说，冲动型自杀者有一种"自杀思维循环"，让当事人只关注负面信息，这个心理机制不断重复，自杀的冲动就会越来越强。但一旦有外人介入，这种"自杀思维循环"就很容易被打破，当事人很快会放弃自杀冲动，并觉得自己的自杀念头原来那么可笑。这名北大女生的情形正是如此，她一个人会"想不开"，但有一个好朋友介入，她就"想开了"。

冲动型自杀最常见。不过，姚萍说，只要进行干预，大多数冲动型自杀都会被制止。干预者只需要认真倾听，理解他，并指出他思维中的片面性，或引导他做更全面的考虑，就可以了。姚博士做过多次自杀干预，当断定对方是冲动型自杀时，她会倾听他们的故事后，和他们轻松地探讨："如果真死了，你有什么后悔的事吗？""你还有什么事情没有完成吗？"

华南师范大学心理咨询研究中心的李江雪老师说，其实，在一生中，产生死的冲动是一件很正常的事情。几乎每个人都或轻或重地产生过自杀的冲动。但是，当身边的同学产生了自杀的冲动时，旁边的人千万不要觉得"他只是说说"，而不予以重视。

李老师说，她接待过一个女大学生，有一天，她很想自杀，她计划等宿舍里的同学都离开后就割腕自杀，但有一个同学一直待在宿舍里，就是不走。急不可待之下，这名女生"实在等不及了"，拿一把刀子就跑向卫生间，想在那里自杀。她的同学发现了，立即跟过去，及时阻止了她。

这名女生后来对李老师说，她当时也不知道为什么，但满脑子里想的就是赶快割腕，根本没有想过割腕的痛苦，也没有想过自杀会给亲人带来多大的痛苦，就是一时的激烈冲动。

冲动型自杀中还有一种类型：边缘型人格障碍(BPD)引起的自杀冲动。专门研究BPD的北京大学心理学系的钟杰博士说，这一类患者经常有自残行为，严重的时候就会自杀。

钟博士介绍说，中国BPD的患病率为10%至20%，80%的BPD患者有自杀经历，是常人的50倍，4%至10%的BPD患者会自杀成功。BPD多见于女性，据钟博士估算，到学校心理咨询中心求助的女大学生中，至少有10%是BPD。

他说，BPD患者一般都有一个支离破碎的童年，不断遭受最亲近的人如父母的伤害，很多患者还遭受过性侵犯。他们的心理创伤太多太重，所以很容易产生自伤甚至自杀冲动。一般说来，他们会在亲密人物离开自己，或者与亲密人物发生严重人际冲突时产生自杀冲动。但他们的自杀多数情况下不会成功，因为他们主要是通过自杀争取爱与关注，如果亲密人物关注他们、爱他们，他们就容易中断自伤或自杀行为。

BPD患者的心理痛苦很大，而生理痛苦可暂时转移对心理痛苦的注意，所以BPD患者常做出自伤行为。

他说，BPD患者在冲动型自杀中占了相当的比重，但国内高校的心理咨询人员一般缺乏处理BPD的经验。并且，即便对经验非常丰富的心理咨询师来说，BPD患者都是一个棘手的挑战。

抑郁型自杀难被现场制止

抑郁型自杀又可称为理智型自杀，抑郁症自杀者会周详地安排自杀计划，其自杀不是为了赢取关注和爱，他们的自杀更容易成功，而且更不容易被现场干预所制止。但是，抑郁症患者只要能得到充分的心理治疗，并不难痊愈。

北大中文系某女生，自杀前在北大 BBS（电子公告牌系统）上发了一个帖子，上面写着"我列出一张单子，左边写着活下去的理由，右边写着离开世界的理由。我在右边写了很多很多，却发现左边基本上没有什么可以写的……对于亲人，我只能够无奈，或许死后的寂静，就是为了屏蔽他们的哭声，就是能让人不会在那一刻后悔"。

这名女生应是抑郁型自杀，并且她的自杀还带有一些哲学思想的色彩。姚博士说，这是处于青春期的大学生的一个特点，因为青春期的学生，尤其是一些优秀的学生，会思考活着的意义，思考生与死。而且，其中一个阶段，他们会对人性、对世界产生一种绝望感，但如果在长辈、老师或书籍的影响下，走出这个阶段，他们就会对人生产生更全面、更积极的看法。

钟博士说，国外最新的研究发现，抑郁症既是心病，也是生理疾病，患者大脑中的海马体已发生了病变，所以抑郁症患者只靠自己是很难痊愈的，必须寻求专业帮助。如果抑郁症严重，最好先进行药物治疗。

但药物治疗只是治标，抑郁症要想彻底痊愈，心理治疗必不可少。钟博士说，国外研究还发现，随着抑郁情绪的缓解，海马体中的病变也会逐渐恢复正常，而这也表明了心理治疗的意义。

他说，一个抑郁症患者如果已站在高楼上准备自杀，再进行干预是很难的。所以，对抑郁型自杀，最好是进行预防，先发现，然后接受药物治疗和心理治疗。

华南师范大学的李江雪老师讲了一个治疗成功的例子：

一名女大学生，先考上了北京一所工科院校，但因为不喜欢所学专业，她休学重新参加高考，考上了广州某大学物理系。进了这所大学后，她又努力转系。在这个过程中，她不断遭受挫折，抑郁情绪越积越重，最终患了抑郁症，并决定自杀。她一共进行了三次计划周密的自杀，但都因为一些"意外"而放弃。有一次，她策划在就诊的某医院顶楼跳楼自杀，但就在那一天，这所医院通向顶楼的门忽然间被锁住了，她不得不放弃。另外两次也是因为这样的细节上的意外，她不得不放弃自杀。

也就在不断尝试自杀的同时，她还在接受治疗。渐渐地，治疗的效果越来越好，她的抑郁情绪也越来越弱，最终她的自杀意念消失了。

"精神上的意外"

精神异常的病人会因为产生幻觉而意外死亡。譬如，有些精神异常的病人产生了幻觉，相信自己是一只飞鸟，于是跳了楼。

抑郁型自杀也罢，冲动型自杀也罢，当事人都有明确的自杀企图：他们在意识上有自杀企图。但是，第三种类型"自杀"者就没有自杀企图，姚博士说，用"精神上的意外"来形容这一类"自杀"更合适。

钟博士则说，精神分裂症和躁狂抑郁症患者，或者有一些精神分裂症状的患者，容易发生这种"精神上的意外"。发生意外的原因一般有两种：幻觉或被外部思维控制。

产生了幻觉的人，会失去自知力，譬如相信自己变成了一只飞鸟，认为自己可以飞翔，于是从高处飞了下去。被外部思维控制的患者，会幻听到一个声音，命令他去做一些事情，譬如命令他"跳下去"，于是，病人做了跳的动作，但因为也丧失了自知力，他当时不知道跳下去会有什么后果。

钟博士概括说，这类病人已经丧失了"现实检验能力"，不知道自己即将做的事情有多危险。对于这样的病人，要做到两点：

1. 对病人、家属和他身边的人进行教育，告诉他们，患者的大脑中到底有什么变化，让他们像清楚胃病一样清楚大脑病变的原因，了解症状是怎么产生的，应该怎么预防。

2. 时刻监护他，防止独处。

钟博士说，对于精神异常的人，我们普遍会产生恐慌，不知道该怎么对待他。但如果能做到以上两点，患者可以带着症状生活，譬如编自真实生活的电影《美丽心灵》就反映了这一事实：数学家纳什患了精神分裂症，但他逐渐清楚了自己的幻觉，最终具备了现实检验能力，带着症状继续工作，并于1994年获得了诺贝尔奖。

严重的精神疾病就像严重的生理疾病一样，只要治疗得当，患者尽管难以彻底痊愈，但仍可以带着症状去享受生活。

钟博士说，最近"自杀"的北大心理系本科生，并非像有些媒体所说，是患了抑郁症而自杀。

因为在出事前，没有任何迹象显示他有自杀企图。相反，他正在积极准备一个英语竞赛，还在高兴地等待接待来自台湾的朋友。

尽管有一些抑郁情绪，但这名学生在学校的人际关系不错，他的父母非常爱他，对他的教育也很健康，他没有遭受过明显的心理创伤。

钟博士说，就他的了解，这名学生的大脑发生了病变，产生了一些精神症状。他很可能在"自杀"前又产生了这些症状，这些症状导致了这一意外事故的发生。

他说，这名学生的意外死亡让他感到非常内疚。作为北大心理系的教师，他知道这一类患者需要特殊监护，不应该独处。

钟博士说，他本来可以对这名学生进行教育，告诉他，他的大脑里究竟发生了什么，他的症状到底是怎么一回事。如果这种教育充分的话，再加上监护，这次意外事故是可以避免的，这名学生可以带着他的症状享受生活。

大学生的自杀倾向多数是在以前形成的

华南师范大学心理咨询研究中心的李江雪老师说，每次新生入学，她都会进行心理健康普查，每一届差不多都有四五十名新生承认，自己有自杀倾向。如果发现一个学生有自杀倾向，咨询中心的老师就会挨个请他们过来谈谈。在这个过程中发现，让他们产生自杀念头的事件也形形色色，最常见的是家庭或学校里发生的创伤性事件。并且，这些事件经常是很小的事情。

譬如，很多人第一次产生自杀的念头，只是因为在学校被老师当着全班同学打了一巴掌。还有的学生是因为被老师"出卖"，一些老师让学生提书面意见，并且承诺不会公开，但等学生提出意见后，老师却违背诺言，在课堂上当众念出来，并且极尽挖苦之辞，结果令学生产生了自杀的念头。

但为什么不自杀呢？学生们最常见的理由是不能对不起父母，他们常说："如果不是为了父母，早就自杀了。"

可以说，因为这些在过去形成的心理创伤，很多大学生都埋藏着自杀倾向这颗炸弹，只是导火索没有被点燃而已。但如果在大学中又发生了新的创伤事件，炸弹的导火索就会被点燃。

每个人在成长过程中都会遭受各种各样的创伤，但如果他自己有好的平衡能力，这些创伤就不会引发严重的后果。但是，我们的大学生经常会遭遇这方面的难题。

李老师说，从小开始，我们的学生被灌输了一个观念：学习成绩是评价他的最重要标准，甚至是唯一标准。这个标准就成了他支撑自己的支柱，但进入大学之后，这个支柱会受到严重挑战，很容易倒塌。

广州一所名校的一名硕士研究生，成绩一向优异，已经获得了保送博士的资格。但就在硕士毕业的一次考试时，他费尽心血写的一篇论文没有存盘，结果得了零分。他本来完全可以和老师商量，让老师再给他一次考试的机会，但他没有这么做，而是立即自杀了。

李老师说，实际上，许多成绩优异的大学生，在大学阶段如果只会学习的话，他们的这根支柱会不断动摇。

他们会发现，自己不会和异性相处，而这似乎比成绩更重要。

他们会发现，自己只能待在学校里，因为缺乏社会适应能力。

……

这样的事情不断发生，令只会学习的大学生不断降低对自我的评价，那根"好成绩"的支柱也越来越脆弱。一旦这根支柱也倒了，他就很可能会立即崩溃。

那么，面对这种情况，大学应该做些什么呢？李老师说，由点到面地做好心理辅导工作是至关重要的。

她说,首先,学校应该有一个面对学生的心理咨询室,并且要对学生宣传心理咨询的重要性,让他们知道,一旦有了心理创伤,他们还有一个地方可以寻求帮助。

但是,很多有问题的学生不会主动寻求帮助。这就需要他身边的师生有这种意识:看到一个人有问题,就应该和心理咨询中心联系。

李老师说,20世纪90年代,华师大差不多每年都有1名大学生自杀。但自从2001年设立心理咨询研究中心到现在,华师大再没有发生过学生自杀的恶性事件。

关系，是生命最本质的渴求

可怕的童年，恐怖的父母

皮克顿时年 57 岁，拥有一个养猪场，被认为是加拿大历史上最恐怖的连环杀手，警方在他的养猪场里已找到 26 名被害女子的骸骨。这一数字可能仅是皮克顿手下冤魂数量的一半，因为被捕入狱后，他对同住一室的"卧底狱友"说，他本来想再杀一人，以凑够 50 人的整数。

现在，连环杀手已不再是一个陌生的概念。皮克顿之前，一个叫皮克·勒平的加拿大男子在一学校杀 12 人。在美国，连环杀手甚至不再是新闻，几乎每年都能爆出几起连环杀手案，少则数人遇害，多则几十人。连环杀手的出现一再刺激我们的神经。

很多人犯罪是为了金钱和权力。但是，这一规律显然不能套在皮克顿们的头上。因为仅从利益上看，这显然是双输的，受害者不用多说，而皮克顿们也并没有收获什么利益。

那么,他们为什么杀人?杀人给他们带来了什么?

美国联邦调查局(FBI)的罗伯·雷斯勒在他的著作《疑嫌画像》中给出了答案:

这些人常常是凭借违法来寻求自己情绪上的满足,就是这个原因才使得他们异于常人。

也就是说,这些连环杀手之所以沉溺在杀人行动中,只是为了满足他们特殊的情绪需要。

作为FBI的心理分析人员,雷斯勒的主要工作是为那些特别凶残的案件"描绘嫌犯、勾勒嫌犯"。他和其他一些出色的同事,凭借扎实的精神病学和心理学的知识,能仅凭案发现场或案发现场的照片,就可大致推断出凶手的肤色、年龄、身高、个性、家庭状况、工作状况等关键信息,从而大大缩短警方破案的时间,好莱坞著名的电影《沉默的羔羊》就取材于他的真实工作。

在FBI工作的数十年时间里,雷斯勒一直关注那些连环杀手,对一百多名臭名昭著的连环杀手(清一色是男性)进行过深度访谈,并据此写了《疑嫌画像》一书。在书中,雷斯勒称,他们几乎全是偏执狂,要么是偏执型精神分裂症,要么是偏执型人格障碍,而且他们还有共同的人生轨迹:

6岁前,有一个糟糕的妈妈。6岁前,孩子与妈妈的关系是最重要的,这个关系会让孩子了解什么是爱。然而,这些连环杀人犯,他们没有这个运气。

8至12岁,有一个糟糕的爸爸。一般而言,这个青春前期是孩子走出家并和同龄人建立关系的重要时期。如果说,与妈妈的关系是"内向"

的，那么与爸爸的关系就是"外向"的，一个好的爸爸，会帮助孩子走出家，走向更宽广的世界。但是，这些连环杀人犯，他们通常有一个暴虐的爸爸。

12 至 18 岁的青春期，沉溺在充满暴力的幻想中。在青春期，每个人都有过各种各样的幻想，尤其是一些性幻想。只是，正常男孩的性幻想中，不仅他在享受，而性的对象也在享受，幻想中的关系基本是平等的、充满爱意的。但那些未来的连环杀手，他们的性幻想中，完全是"独乐乐"，并且，他们的快乐一定是建立在对方的巨大痛苦之上，其中经常有死亡的内容。此外，因为他们既缺乏"内向"的好的人格特点，也缺乏"外向"的与别人建立关系的能力，这注定他们会非常孤独，既不能和同性建立友谊关系，也不能和异性建立亲密关系，这种孤独生活令他们更容易沉浸在这种可怕的性幻想中。

20 至 30 岁的成年期，开始杀人。多数连环杀手是成年后才开始行凶，但也有相当一部分是在十几岁就开始杀人的。第一次杀人，都有一些特殊的触发因素，一般都是遇到了生活上的一些挫折，譬如与父母的争吵、失业或被人欺压等。这次杀人，尽管看似是偶然的，但一些细节和他们的幻想内容相吻合，并因满足了他们多年来一直沉浸着的幻想，他们会感受到巨大的快感。由此，尽管他们也会悔恨，也会害怕，但幻想和快感会驱使他们继续去杀人。

连续杀人。对连环杀手而言，渴望不断改进并试验新的杀人手法，就像毒品一样诱惑着他们，令他们根本停不下手来。

有一个可怕的童年，是这些连环杀手最一致的人生特点。

一次，雷斯勒和一些专家深入调查了 36 名连环杀手，发现他们的童年都曾伤痕累累。他们的父母或许看上去很正常，但事实上问题丛生，一半连环杀手的父母有精神疾病，一半罪犯的父母犯过罪，近七成的罪犯的父母酗酒或吸毒，而每一个连环杀手也都是自童年开始就出现严重的情绪问题。

心理学认为，出生后的前6年经历决定了一个人的人格。雷斯勒则认为，一个人6岁前，对他而言，最重要的成人是母亲，一个温暖、充满爱心的母亲会帮助一个人懂得什么是爱。但不幸的是，这36名罪犯与母亲的关系清一色是冷淡的、互相排斥的。

譬如理查·乔斯，他在半疯狂状态下杀了6个人，而且会剖开那些被害人的胸腹，喝他们的鲜血。他的母亲，患有偏执型精神分裂症。这样的母亲，因为沉浸在自己的妄想或幻想世界里，基本没有可能给予幼小的孩子爱和温暖。

再如泰德·邦迪，他非常聪明，且英俊潇洒，非常善于对女人甜言蜜语，但他诱惑女人是为了凌辱再杀害她们，死在他手下的女孩难以统计，她们都长着同样的脸形，都是长发，都有相似的面容。被捕后，他说他是被姐姐抚养大的，但警方调查后知道，他说的姐姐就是他妈妈，当邦迪小的时候，她一直虐待他，而且还有性虐待。

还有大卫·柏克维兹，他一年中在纽约杀死6人，并且在开始杀人前，曾在纽约市纵火1488次，保持了"日纵一火"的纪录。他从小被寄养，而且与寄养家庭不和。于是，他一直渴望找到生母，后来果真找到了生母和亲姐姐，但生母拒绝接纳他。

有一个糟糕的妈妈已够痛苦了，然而更糟糕的是，他们普遍还有一个失职的爸爸。雷斯勒认为，8至12岁，是一个男孩走向社会的关键时期，现在引领他们完成这个任务的，不再是妈妈，而是爸爸。但是，他们要么这一时期没有爸爸,要么爸爸是个暴君,酗酒、吸毒、乱交、毒打妻子和儿子。这只能让这些男孩更进一步受到伤害。

本来,对一个男孩而言,父母该是最亲密、最值得信任的人,但是,现在伤害他们最重的,恰恰是这两个最亲密的人。这让他们对亲密关系充满恐惧,并对包括父母在内的所有人都怀有敌意。在母亲和父亲的双重折磨下,他们开始相信,这个世界上只有暴力关系,只有凌辱和被凌辱的关系。要想不被凌辱,只有去凌辱。

这种观念深入内心最深处,并在青春期让他们收获了惨重的代价——彻头彻尾的孤独。

孤独的青春,致命的幻想

关系,是生命最本质的渴求。

不管一个人自诩多么强大,没有关系,尤其是没有亲密关系,这个人的内心一定会出现问题。譬如凡·高,他是绘画天才,但没有与异性的亲密关系,他疯了;再如尼采,他是哲学天才,但他最爱的莎乐美不爱他,他陷入孤独,最后也疯了,说"我是太阳",那是绝对的自恋,也是绝对的疯狂。

一个人可以很执着,可以不顾一切追求自己的事业,不管那个事业是否被社会认可。但是,他必须有好的亲密关系,否则他有很大的可能会疯狂。

不过,亲密关系也是令人最无奈的事情。因为,它是相互的,你可以决定自己怎么做,但你不能左右对方。简单而言就是,你喜欢一个人,但却不能保证另一个人喜欢你。

学习建立关系，是青春期最重要的内容之一。相对而言，健康家庭长大的孩子，因为懂得爱、温暖和快乐，能适度地站在对方的角度考虑问题，所以相对能更好地拥有亲密关系，可以比较好地完成这个任务，从而逐渐靠自己的力量走出原生家庭，建立自己的人际网络。但是，那些未来的连环杀手，尽管常常是察言观色的高手——因为他们必须揣测父母的内心，否则难以生存——但他们没有能力付出爱，无法让别人感受到温暖，结果，他们有些人可以很快与别人建立关系，但却无法拥有稳定的关系，他们没有同性朋友，也很少有女孩愿意和他们约会。结果，他们只有陷入孤独。

但是，对关系的渴望是人的一种本质需求。如果正常的途径不能满足这一需求，他们就通过其他途径来满足，那就是带有性幻想内容的白日梦。

很多青春期的孩子孤独过，每一个青春期的孩子都有过性幻想。只不过，正常孩子性幻想的内容是相对健康的，他幻想和女孩亲热，但这个幻想中的关系是平等的，还常把女孩（有时幻想对象是同性）置于很高的位置上。相反，这些童年饱受摧残的未来连环杀手，他们的幻想内容主要是暴力，即通过暴力的手法强行与女孩建立关系，而幻想的结果常常是要女孩死去。

并且，他们也不只是幻想。在平时的交往中，他们对女性也不够尊重。这就导致了一个恶性循环：糟糕的性幻想让他们更孤独，孤独让他们更沉浸于糟糕的性幻想。

譬如唐安·山普斯，他杀死了漂亮的女邻居，而之所以杀她，是因为他请求她赤裸着身体杀掉他，但被拒绝了，于是他转而杀死了她。后来，山普斯说："被一个漂亮女孩所杀是我一生的幻想。"

后面将提到的艾德蒙·其普，他 12 岁时求姐姐和他玩"毒气室"的游戏，央求姐姐把他捆在椅子上，然后打开煤气装死。在这个别人看起来毫无乐趣的游戏中，其普会感到莫大的快感。

性幻想中的虐待和死亡，以及游戏中的虐待和死亡，会给这些未来的连环杀人犯带来快感，但远不如真正的虐待和死亡带来的快感更强。对此，雷斯勒在书中描绘说：

幻想结束后，代之而起的就是真正的杀戮，一个小时候把姐妹的芭比娃娃头给扭断的人，长大后也会把被害人的头颅给砍下来，这确有此事，绝非危言耸听。另外还有位杀手小时候经常与邻家小孩在田野上玩，不过只有他拿了把手斧与玩伴们打闹，任谁也没想到其长大后，谋杀别人的工具正是那把手斧。

表达爱的方式并不是绝对的"占有"

第一次杀戮，或第一次暴力，一般都是在遭遇挫折后。譬如，连环杀手约翰·裘伯特第一次实施暴力是 13 岁，当时他和最好的朋友失去了联系，感到苦闷，骑着脚踏车的他看到了前面一个小女孩，于是在骑过她身边时，将手里的铅笔插到了小女孩的背上。结果，这个暴力行为给他带来了巨大快感。于是，他的暴力行为很快升级，第二次还是骑着脚踏车，但用的就是一把锋利的刀子了。

少数的连环杀手，因为陷入了精神失常的状态，失去了理智，于是乱杀一通，没有明确的选择。不过，多数的连环杀手，他们选择的杀害对象，都是有一些共同的特征的。譬如前面提到的泰德·邦迪，他杀害的女孩年龄相当、相貌相像且全是披肩长发。

为什么会这样选择呢？还是要回到童年寻找答案。我们可以推测，那些女孩和他母亲很像，他小时候屡屡受母亲伤害，所以对母亲有刻骨仇恨。但那时不敢对母亲表达，所以这仇恨埋在心底，等长大了，自己有力量了才开始报复，但仍不能对母亲表达，于是选择的都是像母亲的女孩。

艾德蒙·其普的例子最能说明这一点。有 NBA 中锋体格的他 15 岁时杀死了祖父母，并被判入狱服刑。后来，母亲用尽办法把他接过来同住，但同住好像就是为了折磨儿子似的，她频频地羞辱儿子。一次她对儿子说，她 5 年内找了 6 个男人，就是因为她儿子是个杀人犯。其普听了非常愤怒，他开车跑出去，喃喃自语说："今天晚上我看到的第一位美女必须死掉。"

结果，一位在大学校园散步的女孩成了牺牲品。他邀请那女孩上车，然后强暴并杀死了她。

显然，这个女孩只是一只替罪羊而已。

而有些连环杀手想杀死的则是自己。约翰·裘伯特杀死了多名男报童，他胆怯、害羞，在恋人移情别恋后，他感到受了严重的羞辱。于是，他杀死了第一名报童，而那名报童的性格和相貌，很像小时候的裘伯特，并且裘伯特自己也做过报童。这样做也有特殊的含义：不是我裘伯特受到了羞辱，而是那个小子受到了羞辱。

这种心理机制，叫作"向强者认同"。裘伯特从父母那里受够了羞辱，结果他心中就有了一个"实施羞辱的暴虐父母"和"承受羞辱的自卑男孩"，裘伯特认同强者，就是认同了"实施羞辱的暴虐父母"，但怎样才能把"承受羞辱的自卑男孩"的那种糟糕的感受宣泄出去呢？最直接的办法就是找一个很像自己的小男孩。

裘伯特杀掉"自己",其普杀掉"妈妈",是他们的"内在的父母"和"内在的小孩"相互仇恨的关系的展现。他们青春期的致命幻想,其实也是在重复展现这个主题。现在的杀戮,则是最终极的展现,并且因为自幼年起积攒了太多的仇恨和愤怒,这种终极展现会带来强烈的快感。

一旦品尝到杀戮带来的快感,他们就很难收手了。连环杀手威廉·海仑斯杀死第一个女孩后,一方面感到特别悔恨,另一方面又很兴奋。后来,他又杀死了两个女孩,每次心中动杀机后,他会把自己反锁在浴室内,试图控制住自己,可没多久他就会受不了幻想的诱惑,而从窗户里翻了出去。

雷斯勒还发现,让这一百多名连环杀手不断制造杀戮最容易见到的一个动机是"性"。其普杀死一个又一个女孩时,有性的快感,而裘伯特在杀掉一个又一个男孩时,一样也有性的快感。

最典型的如大卫·柏克维兹。

他的行凶目标,要么是独自在车中的女子,要么是在车中与男子搂抱亲热的女子,有时他会耐心等待男子离开后再杀害女子,有时干脆连男子一起杀。在射杀女子的时候,他会产生强烈的性冲动。当谋杀完成后,他会在现场自慰。

有时,当很想杀人但又找不到时机时,他会开车去以前杀人的现场,回想当时的情景,并边想边自慰。他知道这样做很危险,但忍不住还要这样做。

这一百多个连环杀手,他们多数都有柏克维兹这种变态的性冲动。

那么,这种性是什么含义呢?

我自己认为,性是对关系的渴望,性的模式则是对关系的模式的重复。那些在健康家庭中长大的人，他们的亲密关系的模式是健康的，而性的模式也是比较正常的。相反，那些在变态家庭中长大的人，他们的亲密关系模式也容易是异常的，而性的模式也会是异常的。

简而言之就是，这些连环杀手，他们的原生家庭的关系模式是仇恨、冷漠和敌对，他们的亲密关系的模式也是仇恨、冷漠和敌对，而他们的性关系的模式则是折磨、摧毁和杀戮。并且，在这些连环杀手看来，他们的杀戮是为了"爱"，只是他们表达爱的方式是绝对的"占有"。

这正如艾德蒙·其普所形容："这是唯一让她们属于我的办法，她们躯壳已死，但精神已长留我身。"

这就是说，其普为了满足自己对关系的需求，唯一的办法就是杀死对方。这当然是幻象，因为人死了，关系也就没了，他们仍然会陷入孤独中。为了消除这种孤独，他们会一直屠杀下去，直到被抓住为止。

无回应之地，即是绝境

死亡，即是无回应之地。

——西班牙故事

毕节一个家庭的四名儿童喝农药自杀了，这太虐心。

此前，我也将这样的事情和贫穷联系在一起，但这起惨案，让我对这一视角有了怀疑。

首先，这个家庭有漂亮的两层楼房，网友估算造价不少于20万。

其次，并非是穷到没饭吃，家里还有玉米，还养着两头猪。

再次，也并非是没有人理，有报道称：

张胜（应是老师）对记者说：几乎每一次老大不去上课，他都会去他家里做工作，"给他讲在学校有免费的营养午餐，可以和大家一起玩"。在兄妹们辍学后，乡干部和学校教师前后6次动员他们回校上课。也有人说，他5月13日第二次到他们家时，听到孩子在里面跑，但怎么敲都不开门。

这些细节显示，将责任归于贫穷是没有道理的。甚至还说，其父母只负担小部分责任，这种结论不知道从何而来。

事实显示，其父母要负重要责任：

1. 母亲已离家出走。

2. 父亲有严重的暴力倾向。

3. 或许比暴力更糟糕的是，父亲也离开了这个家，联系不上了。（说或许，是因为也许暴力造成的阴影，更胜于父亲离开。）

这四个孩子的家，就算再好上很多倍，也一样是绝境。关于留守儿童，网上有这样的习惯性说法：贫穷，所以大人必须出去打工；出去打工，就造成了留守儿童的现象。

写这些文字的人，说自己没经历过贫穷。但是，在农村长大的我经历过，所以我有亲身体验，也说说自己的思考。

首先，我认为贫穷不是主因，更深层的原因，是我们养育孩子的奇怪方式，好像不管怎样都要把孩子特别是婴儿，养得像"弃儿"一般。即，不管家庭条件怎么样，孩子就是不跟在父母身边。

其次，虽然这种现象让人心痛，但也别无限放大它的可怕。实际上，我们一代代人早就习惯了这种养育方式。我见到的无数案例中，就算父母不需要去外地打工，但父母仍有各种选择，让孩子和自己分离。譬如给老人养。

给老人养还算是好的，因为老人多还是疼爱孩子的。而很多人的回忆是，和祖父母或外祖父母在一起的时候，还是有很多美好回忆，但一回到父母身边，噩梦才真正开始。然而，不管老人对孩子多好，这都意味着孩子遭遇了被抛弃的经历。并且，老人通常要带多个孩子，这意味着,孩子不可能获得父母那种爱,而且心理上仍然是有寄宿感的。

夸张的如福建一些地方,他们习惯让孩子从小就被各种亲戚带,就是不让孩子长期和父母在一起。譬如有的富有家族,谁有空就谁带孩子,于是大家开车将孩子送来送去。这意味着,孩子没有稳定地跟随一个养育者。

必须知道的是,孩子越小,越需要稳定有质量的爱,不断地变换养育者,对他们是一种很大的折磨。

另外,也许是最重要的,即便孩子身边有养育者,养育者对孩子的方式也有种种问题。

我讲讲我自己小时候的经历,这真能说明很多问题。

我是在河北农村长大的,1974 年生,我的姐姐大我四岁,哥哥大我八岁。我们那儿的习惯是,壮劳力,如父母去地里干活拿工分养家,而老人带孩子。但我们和爷爷奶奶关系很差,他们只向我父母要粮食和养老的钱,却不给我父母带孩子。我哥哥姐姐小时,我妈妈还犹豫过,最后决定将孩子送过去,但爷奶不管,结果导致姐姐差点走丢。于是我妈一狠心,就不去地里干活,自己带孩子了。哥哥姐姐小时候,妈妈这份决心还不够彻底,所以哥姐都有在爷爷奶奶家不被管的遭遇。到了我这儿,我妈彻底接受了现实,她不再挣扎,于是我就受益了——在我记忆中我一直都是妈妈带大的。

这应该是我们那个村绝无仅有的事情,妈妈这样的壮劳力不去地里干活,而是在家里带孩子!因此妈妈遭到很多白眼。人们习惯性的思维是,去地里干活挣钱,比带孩子重要多了。

按照心理学的理论,孩子要跟妈妈长到三岁,而且妈妈的爱要有质量，如此就可以形成基本的安全感。虽然我妈妈的养育方式也有很多问题，而且她有严重的抑郁症，但至少，我形成了基本的安全感。

其实，老人不给年轻父母带孩子的事，在村里多着呢，但只有我妈妈决定留在家里带我，她的说法是，受不了孩子哭。

那么，其他父母怎么解决这个问题？很简单，就把刚生下来的孩子放在炕上，在炕边做一些防护，防止孩子从炕上掉下来，就可以了，然后去地里干活。

如此，就有了一个惯常性的笑话：有一天从地里干活回来了，突然发现自己孩子会在炕上走路了，于是父母一边惊讶一边到处笑着宣扬：我们家孩子自己会走路了。

但是，对孩子来讲，这是极其可怕的经历。我通过咨询发现，如果身边没有人陪着，那意味着，他时刻都处于绝望中，甚至，他时刻都是在和恐惧打交道。

用理性的话来说，即精神分析的一句名言：无回应之处，就是绝境。

我想，杀死毕节那一家四个孩子的，就是这种绝境吧。虽然老师和社会对他们有回应，但那是无法替代父母的。母亲消失了，父亲电话也打不通，假如他们心中从婴儿期就一直活在这种绝境中，他们现在已经受够了。

为什么要让孩子处于这种绝境中？为什么必须去打工？

我想，比贫穷更重要的原因是：可能每个地方都有这样一种主流思维——挣钱胜于带孩子，面子胜于家庭温暖。

对于贫穷，我有深刻记忆。我家五口人，只有爸爸一个壮劳力，妈妈只是偶尔去地里干活（我长大后就不一样了），还要将口粮和分红给爷爷奶奶一部分，而且我和哥哥都一直在读书，哥哥读到高中，我则一路读到研究生。那真是一直生活在贫穷中。我们那儿的农村不算穷，但我家的条件，在村里是属于中下的。

贫穷的最重要标记，是吃不饱，是挨饿。这一点我好一些，但哥哥姐姐都有过挨饿的经历。而哥哥之所以高中没读完，是因为家里缺钱，他在学校里吃不饱。

最穷的时候，家里连买火柴的钱都没了。那是妈妈唯一一次对我发脾气——其实也就批评了我一句，因为我在抽屉里找到一点钱，去买了作业本，那是家里仅有的一点钱。

此外的记忆是，每年春节前，镇里有持续七天的庙会，一次妈妈给了我两毛钱去庙会玩，而遇到的小伙伴，他们至少都是带一块多钱，多数是两块以上。这让我有一点屈辱感，但也只是一点点，我基本没在意。

虽然在这样贫穷的家庭长大，但我并没有因此而自卑。读大学时，我是全班 36 人中唯一一个父母都是农村户口的，于是每次助学金都有我的份。但我花钱不算节俭的，于是有同学对我有意见，我就反驳说：你们谁家是双农村户口的？他们就不说什么了。

我在北京的一个朋友也对我说：怎么从来没见过你因为自己是农村来的而有一点点自卑？

学了心理学，我明白，真正自信的基础，是爱；而自卑的基础，是爱的匮乏。虽然条件不好也可能导致一定程度的自卑，但这远不如爱的匮乏危害大。

爱是无形无质的东西，相对于它，我们很多人更在乎看得见摸得着的物质。

我们的工作是非常忙碌的，农村里的壮劳力出来打工，城市里的年轻父母忙着上班，亿万富豪们也多在拼命，但是，我们真的要去思考一下：我们是不是忽略了什么？

我常有这样的想象——或许，许多人都是孤岛一般，只能用脑袋和语言与别人建立一些可怜的链接，而感觉和情感，或者简单说是心，是关闭着的。每座孤岛，都是在严重缺乏回应的家庭中长大。等我们做了父母，又将"无回应之地的绝境"，传给了自己的孩子。

大人一旦关上了心，就可以像没事人一样活着，将生命延续下去。但孩子，他们的心还没有关上，无回应之地的绝境，或许直接会杀死他们。

我再次说，毕节这四个孩子，他们不是死于贫穷，他们更有可能是死在无回应之地的绝境中。